DESDE LA QUEBRADA
Una historia natural del Parque Nacional de las Tablas de Daimiel y su entorno

Carlos Villanueva Fernández-Bravo

DESDE LA QUEBRADA
Una historia natural del Parque Nacional de las Tablas de Daimiel y su entorno

Ilustraciones de Ángel R. Moya

BIBLIOTECA DE AUTORES MANCHEGOS
DIPUTACION DE CIUDAD REAL

Primera edición: 2025

Edita: Servicio de Cultura. Diputación Provincial

Biblioteca de Autores Manchegos (BAM)

Plaza de la Constitución, 1. 13001 Ciudad Real

Tlf.: 926292575

Web: www.dipucr.es

Cubierta: BAM. *La Quebrada* (Ilustración de Ángel R. Moya)

Coordinación editorial: Jesús Reviejo

Colección General, número 250

Imprime: Producciones MIC, S.L.

ISBN: 978-84-7789-426-1

Depósito Legal: CR-659-2025

Impreso en España

Para Pi, que soporta mis salidas campestres.

«Cuando yo muera podré olvidarlas.
Me ofrecieron goces de paz.
Las amo.
El dulzor de sus frutos recrea aún
el paladar de mí espíritu».

JULIÁN SETTIER
Caza menor. Anécdotas y recuerdos

«Cuanto más aprendemos sobre la Naturaleza,
en cualquiera de sus aspectos,
más profundo es el interés que nos ofrece».

CHARLES DICKENS
Household Words, 1851

ÍNDICE

PRÓLOGO.
LA QUEBRADA

Cuando llega la primavera, cada mañana de sábado o domingo, según se disponga, recorro el corto camino flanqueado por olmos a un lado y por cebada al otro, que da paso a la Casa de los Motores, testigo del esplendor de otra época en el entorno del Parque Nacional de las Tablas de Daimiel.

Con el sol aún en el horizonte, dorando las espigas y amapolas, el olor dulce a tierra de vega, me saluda algún mirlo, estornino, tórtola turca, a veces un críalo y alguna pareja de perdices, que se pierde entre la paja, o las carracas, que como cada año crían en algún agujero de los viejos olmos.

Al final del camino los sonidos cambian, los carranchines ya destacan entre la algarabía de sonidos, las ardeídas que vuelan río abajo río arriba.

A la sombra de los pinos y chopos, rodeada de membrillos, granados, higueras y un peral de San Juan, blanca y tostada, está La Quebrada.

A través de sus dos puertas parece mirarme, darme los buenos días e invitarme a entrar.

Aquí comienza el vínculo del hombre con el medio. Surge el reencuentro con el río, con el paisaje, con el agua, con el hombre y la tierra que le sirvió de sustento. Está el reencuentro con los olores, con los sonidos.

Está el reencuentro con los amigos al calor del fuego que encenderemos bajo la vieja chimenea para paliar el fresco o la lluvia de los primeros días de abril o de mayo a primera hora de la mañana, a esa en la que el relente aún se siente y moja, o tras una tormenta de primavera.

Está el reencuentro con el viejo pescador, con el habitante más antiguo de Las Tablas, que nos habla desde dentro del paraje, y que nos contará más o menos, según se tercie el día. Solo su presencia, aunque callada, será más que agradecida.

Todo eso y más es La Quebrada, antigua casa donde nacieron y vivieron gentes del río, del Guadiana, pescadores y cazadores de Las Tablas.

En la actualidad La Quebrada se ha reinventado y da cobijo a aquellos que vamos con cuadernos y prismáticos, redes de niebla y otros enseres para coger pájaros en favor de la ciencia, de nuestra curiosidad y satisfacción natural.

Ahora La Quebrada es una estación de anillamiento, y la razón de que cada primavera volvamos allí, a encontrarnos con todo lo que dejamos la temporada pasada, a revivir, a rememorar, a encontrarnos de nuevo con Las Tablas, un Parque Nacional gestionado de manera artificial, pero que aquí se percibe como si aún fuese salvaje, que te traslada a otra época, a otro momento de su historia, cuando el hombre era parte de la naturaleza, más allá del mero observador en el que nos hemos convertido ahora.

A mediados de los años noventa del siglo pasado, la vieja casa de pescadores, donde siendo un niño Julio Escuderos y su familia hacían garlitos para la temporada de pesca del cangrejo, se acondicionó para ser utilizada como estación de anillamiento con Alejandro del Moral a la cabeza, anillador principal, junto a un grupito de entusiastas que nos unimos a eso de coger pájaros para ponerles una anilla. Se iniciaba el programa Paser de la Sociedad Española de Ornitología (SEO/BirdLife), al que nos incorporábamos, sin saber que este motivo nos traería hasta aquí cada primavera por más de veinte años.

La estación se fue consolidando primavera tras primavera, para llegar a ser una de las estaciones de anillamiento más antiguas dentro del programa.

Atrapar a esos pequeños paseriformes, para medirlos, pesarlos, ver su estado de salud y observar como cada año venían a criar, no a Las Tablas, ¡sino a la casilla de Julio Escuderos!, un año tras otro, y recorriendo nueve o diez mil kilómetros, cruzando el Estrecho y el desierto del Sáhara, hasta el África meridional y vuelta, se convertiría en algo más que una afición.

Cada año volvemos, al igual que estos pequeños seres emplumados, a La Quebrada, a sentir de nuevo esa conexión con la naturaleza que se percibe en este lugar, tal y como sucede en otros muchos rincones de nuestros campos, montes y llanuras, aunque haya pasado tiempo desde que dejaron de ser salvajes.   Nos encontramos año tras año con el Guadiana discurriendo por el devenir de estas Tablas, unas veces secas y otras recuperando el atributo de su nombre. Nos encontramos con los carriceros que aquí nacieron y vuelven para reproducirse, con los ruiseñores que cantarán bajo los mismos olmos, con todos aquellos que tienen aquí su parada y fonda del largo viaje que cada año realizan.

Desde La Quebrada tiene su origen en las anotaciones del cuaderno de campo del autor desde 2009 hasta 2019, relacionadas con este pequeño enclave a orillas del Guadiana dentro del más pequeño de nuestros parques nacionales, y su entorno más inmediato en la sierra de Villarrubia de los Ojos, donde los Montes de Toledo se originan hacia el norte y el noroeste.

El periplo por las notas de campo se inicia en 2009, porque este año marca un cambio de ciclo, finalizando un periodo seco y comenzando un periodo húmedo. Y finaliza en 2019, porque este año marcó un antes y un después en nuestro mundo. Fue el último año que tuvimos primavera antes de recobrar la normalidad postpandemia.

Desde La Quebrada pretende constituir una aportación a la historia natural de Las Tablas de Daimiel y su entorno, desde la observación de las aves como principal punto de mira, así como despertar entre sus lectores cierta sensibilidad hacia el medio que nos rodea, cada vez más transformado, hasta el punto de llegar a percibirse al margen del resto de formas de vida.

Las aves están con nosotros a diario, en cada lugar. Lo están en nuestros pueblos y ciudades, en nuestros campos, montes, llanuras y humedales. Forman parte de nuestro día a día, con sus ciclos y migraciones. Son indicadores del estado de salud de nuestros ecosistemas, incluidos los urbanos y los agrarios.

Nos sorprende la variabilidad de especies que encontramos a poco que prestemos algo de atención, en un mundo que con mayor frecuencia mira hacia abajo, hacia las pantallas de nuestros dispositivos, sin levantar la vista al horizonte y por supuesto sin mirar al cielo.

Observar aves no es solo una actividad científica, si se quiere, es por supuesto una actividad lúdica, en la que a lo largo del tiempo nos aficionamos hasta hacerlo cotidiano. El estudio de su comportamiento, la dinámica de sus poblaciones o el mero interés en identificar cada especie merece un espacio en nuestro tiempo. Algo primigenio se esconde sin duda detrás de unos prismáticos. Tal vez conecte con nuestros propios orígenes, con el hombre cazador-recolector del Paleolítico, o simplemente nos atrae por su capacidad autónoma de volar, algo que no podemos hacer sin ayuda de nuestras máquinas. Lo cierto es que las aves siempre han estado ligadas de una forma u otra a la historia de la humanidad.

Volveremos pues año tras año, estación tras estación, a observar los pasos, la llegada de los invernantes y la de los nidificantes.

Contaremos su número, vigilaremos sus nidos. Y por supuesto volveremos cada primavera a La Quebrada.

AGRADECIMIENTOS

Desde La Quebrada no sería posible sin el programa Paser y la dedicación y entrega de su anillador principal desde que acudimos a este rincón a orillas del río Guadiana por primera vez en 1997: Alejandro del Moral Fernández del Rincón, abriendo la posibilidad a establecer un vinculo con este espacio de todos los que desde entonces compartimos las jornadas de anillamiento en La Quebrada. Un vínculo que, como el de los carriceros que acuden aquí cada año tras recorrer miles de kilómetros, mantenemos en nuestra impronta y del que difícilmente podremos ya escapar.

Vaya pues mi agradecimiento a Alejandro y a todos aquellos que comparten o han compartido nuestras jornadas de anillamiento en La Quebrada durante todos estos años.

A Julio Escuderos, «el último pescador de Las Tablas», por compartir su conocimiento y vivencias.

A Ángel Moya, por su compromiso con las ilustraciones a pesar de la carga de trabajo que le suponía.

A la Biblioteca de Autores Manchegos y a su editor, Jesús Reviejo, por apostar por este proyecto.

Y, por último, que no menos importante, a mi mujer y a mis hijos por soportar mis ausencias en pro de la observación de las aves.

I
2009. EL REENCUENTRO

Colirrojo tizón (Phoenicurus ochruros) en la mano del anillador

9 DE ABRIL DE 2009. EL REENCUENTRO

Es Jueves Santo de un 9 de abril del año 2009, un buen día para volver a La Quebrada después de varios años de ausencia. Sobrecoge ver el Guadiana, no es ni la sombra de lo que fue. Nunca antes había visto esta zona sin nada de agua. El Parque ya sí que no parece un humedal.

Hoy arranca la primera jornada del programa Paser, tenemos seis redes colocadas en los mismos lugares donde se situaron por primera vez cuando se inició el programa y La Quebrada se convirtió en una estación de anillamiento, allá por 1997.

Llego tarde, son ya las ocho y media de la mañana, Alex y Alejandro ya han empezado, dando la primera vuelta a las aves.

La lista de capturas se va alargando conforme avanza la mañana: un macho de colirrojo real, una hembra, un mosquitero musical, un macho de petirrojo, otro macho de colirrojo real, una pareja de jilgueros… siempre juntos, si cae uno cae el otro de manera irremediable. Salvo que a alguno le pille en el nido incubando, pero aún es pronto. Un papamoscas cerrojillo de paso hacia el norte. Un verderón macho, una pareja de gorrión moruno. Estos últimos no vienen de viaje, ni de paso, están aquí todo el año. Y ahora reciben a sus competidores, que han conseguido atravesar el desierto del Sáhara y el Estrecho. Es increíble el viaje que se hacen para su pequeño tamaño. Una curruca capirotada es la última de la lista.

El reloj marca las doce y media, han pasado cinco horas desde que se abrieron las redes. Y toca cerrarlas. La jornada ha terminado, sabe a poco, pero ese es el protocolo del programa, así que a recoger y hasta dentro de una semana más o menos.

Como en otras ocasiones, llega a la antigua casilla de pescadores reconvertida en nuestra estación, Julio Escuderos, tantas veces calificado en los medios y en la literatura sobre Las Tablas como «el último pescador». Y tal vez lo sea, aunque no es el único, otros quedan, pero con menos renombre, y otros que ya se fueron. A Madrid, a Valencia… Pero Julio se quedó, como no podía ser de otra manera. Es uno más de los habitantes de Las Tablas, vive por y para el Parque, lo conoce como a sí mismo. Y no puede alejarse de él.

Desde que su mujer, Pascuala, le dejara, ya no duerme en su casilla, donde ha vivido siempre, a pocos metros de La Quebrada. Lo hace en el pueblo, donde dice que no le gusta estar, allí en «la cárcel», como la llama.

Pero cada mañana, con su primo Juli «el Trompa», vuelve a su nicho natural. Allí donde se encuentra con su verdadero yo. Al lugar del que nunca se podrá separar. Nos cuenta lo malo que se pone viendo así el Parque, no es de extrañar sabiendo como sabemos que él conoció Las Tablas, cuando eran lo que ya nunca serán. Nos dice cómo cada noche ensueña todo lo vivido, lo pescado y lo cazado.

Se sienta junto a nosotros en unos de los bancos de madera, apoyado en su vara, trayendo a la memoria cómo una noche cazó junto a su sobrino Manolo un jabalí y cómo, al echarlo al barco, este se hundió, y de cómo tuvieron que sacarlo luego del agua y lo que penaron en toda esa faena. Pero Julio sabe que, a pesar de ello, con gusto penaría otro tanto y otro tanto más por volver a vivir aquellos tiempos. Ahora hay jabalís, pero no hay agua ni barcos para hundir con su peso.

Las redes que usamos para capturar a los pájaros que luego anillaremos, seis en total, están a poca distancia entre sí, colocadas estratégicamente en distintos ambientes alrededor de La Quebrada.

Desde la casilla, arrancando tras el horno circular que ocupa su parte posterior y siguiendo una senda que continúa por la antigua calzada romana que otro tiempo cruzara el Guadiana, está la red número uno, entre carrizo, mimbres, zarzas y un peral de San Juan al que aún no le he visto madurar las peras. La red número dos le sigue hacia el sur a pocos metros haciendo con esta un ángulo de noventa grados, rodeada de carrizo, mimbres, correhuelas y tras un campo de membrillos a cuya sombra florece cada año el paloduz. A veces en seco como este año y otras con hasta medio metro de agua, lo que nos obliga a calzarnos las botas, o el peto hasta la cintura si la excepción llega.

La red número tres le sigue en dirección noroeste y continuando la calzada hasta llegar casi al extremo en el que el Guadiana se traga los restos de piedra que no han aguantado el paso del tiempo. Viejos mimbres, zarzas a pie de una gran higuera, carrizos y más correhuelas ocupan los extremos de la red.

Cuando hay agua, que la ha habido otros años, no este, la corriente azota contra la piedra a uno y a otro lado, con mayor o menor carencia a merced del viento, como gritando ser liberada.

Para llegar a la red cuatro, desde la casilla hemos de caminar hacia el este, buscando el cauce del río. Ahora también está sobre seco, pero no será así siempre, y su registro obligará al uso de botas e incluso de peto de goma. Un poco más hacía allá, bordeada por un bosquete de olmos que se empeña en mirar cada vez más alto, está la red cinco, delimitando un pasillo que hay que reabrir cada año para poder colocarla. Pero solo lo justo, ni siquiera un metro de ancho. Unos metros más allá en ángulo de 90 grados y entre el espeso carrizal encontramos la red número seis, la última, y la que más inundada aparecerá los años buenos de agua.

Y en ese orden las recorremos, con bolsas de tela en mano que habrán de guardar hasta la estación de anillamiento a esos viajeros que, tras sortear miles de kilómetros, los más, o cientos de metros, los menos, caen en nuestras redes, después de haber salvado, a saber qué otros peligros. Y todo para ser pesados y medidos, colocarles en una pata, la izquierda en años impares y la derecha en años pares, una pequeña anilla de aluminio con un número que será a partir de ahora su carné de identidad, y que nos permitirá conocer, si vuelve a ser atrapado, que ese carricero que anillamos regresa no solo a Las Tablas, sino a la casilla de Julio Escuderos, para buscar pareja y perpetuar la especie, que en definitiva es de lo que se trata.

1 DE MAYO DE 2009. LA QUEBRADA

Toca preparar el avío: guías y cuaderno de campo, prismáticos, cámara y un buen termo de café, para combatir el madrugón.

El día amanece soleado con algunas nubes. Mayo suele ser impredecible, raro es el año que no nos acompaña alguna tormenta matutina. Pero no será hoy. Al llegar y bajarme del coche, los sonidos del alba comienzan a inundarme, trigueros, carriceros, mirlos, ruiseñor bastardo, abubillas, palomas torcaces…

A eso de las ocho y media damos la primera de las vueltas recorriendo las redes. A ver qué encontramos. Carricero común, curruca zarcera, curruca mosquitera, papamoscas cerrojillo. Ya están aquí los estivales y los que van de paso, de viaje más al norte como el papamoscas y las currucas. Capturamos tres currucas zarceras, una de ellas de mayor tamaño y peso, 17 gramos frente a 12,4 y 13.6 gramos de sus compañeras de viaje. Va más lejos, más al norte, y vienen de más cerca probablemente. Aunque la travesía del Sáhara no hay quien se la quite. Menudo viaje para semejante viajero. Nosotros no podríamos hacerlo solo con lo que nuestro cuerpo almacena, tan solo parando para descansar y reponer lo necesario sin perder tiempo para su cita con el ciclo vital al que todo ser vivo estamos comprometidos.

El verde primaveral de las hierbas en torno a la casilla de pescadores contrasta con el marrón del carrizo antiguo que encubre los primeros brotes que comienzan a despuntar, y que a falta de agua colonizarán todas las tablas a excepción de los tablazos más grandes. Solo diez hectáreas permanecen inundadas en la zona de uso público y gracias a los sondeos de emergencia. Pero de eso poco saben estos pequeños pájaros, ajenos al devenir de los acontecimientos propiciados por el hombre, acuden a su cita por primera o sucesiva vez, sin saber por qué se han de poner en marcha, solo responden a la llamada de su interior, al *zugunruhe* que dirían los alemanes, esa misma inquietud que se despierta en nosotros y que nos lleva hasta el campo, al contacto con la naturaleza. Tal vez compartamos los mismos genes desde nuestros ancestros, aun desde líneas evolutivas distintas que nos conectan con un origen común, con una misma naturaleza, y originan que algo se nos remueva por dentro obligándonos a ponernos en marcha.

El año 2009 sería un año difícil para Las Tablas como humedal, con pocas precipitaciones al igual que el anterior 2008, estábamos en uno de esos periodos secos cada vez más pronunciados.

A finales de año la turba comenzó a arder en el extremo sur de Las Tablas, cerca de Puente Navarro, como ya lo hizo en anteriores ocasiones. Y solo hay una manera de apagar la autocombustión de la turba, con agua, inundando el terreno para evitar que el oxígeno penetre en el subsuelo y alimente la combustión. A pesar de los trabajos de compactación del suelo con maquinaria pesada, a pesar de las obras para llevar un ramal de la tubería manchega hasta el incendio, a pesar de la batería de pozos y los metros y metros de tubos empleados para trasportar el agua. A pesar de todo eso, la naturaleza auxilió a la naturaleza.

El año 2010 arrancó lloviendo, y fue la lluvia la que una vez más recuperó Las Tablas como zona húmeda, dando sentido a su nombre, como ya pasara en 1996 tras una gran sequía.

De nada sirvió la misma mano del hombre que con su intervención llevó a Las Tablas a esta dramática situación y que en su afán de querer manipularlo todo, pretendía enmendar el daño. Agua, y agua del cielo, fue la que revirtió este escenario y terminó con el incendio de turba, abriendo una nueva oportunidad a la recuperación.

Meses antes, desde La Quebrada, nada suponíamos de lo que habría de acontecer, como no podría ser de otra manera. Solo veíamos un Parque seco, como ya lo habíamos visto en otras ocasiones y analizábamos las capturas en la época de cría y las relacionábamos con el agua, o más bien con la ausencia de la misma, sobre todo considerando a los carriceros, al carricero común, como especie testigo, como indicador de la situación ecológica del humedal.

En 2009 tan solo 33 carriceros comunes fueron anillados en las diez jornadas que se realizaron, y solo se capturó un ejemplar de carricero común nacido en ese año. Sin duda significativo.

7 DE JUNIO DE 2009

Ha llovido un poco. El día anterior cayó un buen chapetón, algo es algo, aunque insuficiente para solucionar el problema del agua en La Mancha. Los granados que hay junto a La Quebrada ya están abriendo sus flores. Las peritas de San Juan, cuajadas, tienen el tamaño de una canica. Los caracoles salen a la humedad de la lluvia.

La red no tarda en atrapar a un ruiseñor común, una pareja de zarcero común le acompañan en la primera de las capturas. Su plumaje desgastado nos confirma su edad. El tamaño de su ala, algo mayor en los machos, su sexo, oculto a la vista de su plumaje.

Los dos están anillados, la hembra la anillamos nosotros hace una semana, al macho también, pero el año pasado, el 12 de junio de 2008, tan solo unos días antes.

Un año después este zarcero ha cruzado el Sáhara dos veces y vuelve, camino de sus cuarteles de cría, a pasar por Las Tablas y por La Quebrada. Esta vez lleva compañía para el viaje. La hembra exhibe bajo su pecho la piel desnuda de plumas, reseña de una incipiente placa incubatriz que la prepara para la cría.

Julio entra en la casilla y se sienta a hablar con nosotros, como siempre nos pregunta qué tal va, más bien pregunta a Alejandro: «¿habéis cogido muchos, Alejandro?».

No tarda en comenzar uno de sus relatos, cuenta cómo un amigo suyo, un tal Nano, vino hace unos días con unas tórtolas que compra o le regalan de alguna finca de caza a la que suele ir, le dijo que iban a hacer un arroz. «Un arroz como los de antes», cuenta.

Ya de entrada excusa que las tórtolas eran pequeñas, que nada que ver con las tórtolas de antes, que tenían una pechuga blanquita y gorda de la que se desprendía la grasa, pues conforme iba cociendo el caldo, este le gustaba aún menos, poco o nada tenía que ver con el que guardaba en su memoria. «Amargo salió el arroz y negro», nos dice.

Julio nos cuenta cómo antes, refiriéndose a los años 50-60 del siglo pasado, había muchos trigales, por todos lados, en Casablanca, en Zacatena: «Ahí mismo los Pinilla cultivaban mucho trigo y ahora la tórtola solo come girasol, por eso está negra».

Alejandro le habla cómo en la cooperativa Los Candeales, en las afueras de Daimiel, cuando almacenan la cebada, se concentran ahí las tórtolas de todo el pueblo. Pero Julio dice que esas no valen, que en nada se parecen a las de antes.

Son tórtolas turcas, que se han extendido ocupando campos y ciudades. Julio nos cuenta cómo para la feria (para la feria de Daimiel, a primeros de septiembre) se daban cacerías ahí cerca, y mataban seiscientas o mil tórtolas en un día.

Era el paso postnupcial en el que se concentraban miles de estas aves. «Se hacían unas bolas en el cielo, vosotros no habéis visto eso, vosotros qué vais a ver», nos dice entre una mezcla de añoranza y orgullo por haber presenciado una imagen que ni somos capaces de imaginar.

Este año dice que ha visto una o dos, y que el año pasado sí vio un «pegote bueno» cerca de la carretera en el mes de mayo, en el paso prenupcial.

También nos habla de las zuras, la paloma zurita, a la que ya no ve. Apenas veinte o treinta a finales de octubre por Zacatena o Casablanca pasando El Cachón ha visto este año, nos cuenta. «En los bebederos que se hacían en Los Pesebres, en la Isla, en El Molino, Las Morrilas, había bandos de quinientas seiscientas, miles, que venían a pasar el invierno»

Alejandro le refiere que en el jardín botánico vio hace poco una pareja de ellas. Y la conversación gira hacia el plan Regata, propuesto por Santos Cirujano, del Jardín Botánico. Julio se enfada, no está en nada de acuerdo en la opción que propone el plan Regata de alimentar Las Tablas con las aguas residuales de los pueblos que vierten al Parque Nacional a través del río Gigüela.

En el trascurso de la conversación le enseño unas fotos de ova de las pozas de los Alpargateros, unas antiguas graveras naturalizadas en el margen derecho del río Gigüela, cerca de Villarrubia de los Ojos, y vuelve a cuando iba a sacar ova con la barca con Santos a la tabla del Carrizón, que estaba llena de gallinillas, fochas para los foráneos, de carpas, corriendo por encima de la ova.

Dice que se va: «valla día voy a llevar viendo todo eso». Cuando le decimos que son de las charcas de los Alpargateros, recuerda junto a Alejandro cuando hace años fueron a coger allí carpas, con el barco y con Beltrán, para traerse a Las Tablas.

Me pregunta por el agua, a lo que le respondo que, como en la foto, cristalina, y que hay muchas gambusias y cangrejos.

El me pregunta si hay carpas. Alex R. le dice que allí hay un montón de nutrias. Y Julio vuelve a enfadarse. Conoce bien a los animales y sus ecosistemas. «No me digas que hay un mogollón, que la gente aumenta», le reprocha.

Sabe bien que el lugar es pequeño y que una pareja o una familia de nutrias se recorren varias veces la zona en busca de alimento.

«Están metidas en una charca, en una jaula, y las recorren de un lado para otro para buscar comida», dice, «por eso aparentemente parece que hay más cuando no lo están».

En años secos en los que el Parque ha estado sin agua, las pozas de los Alpargateros han servido de reservorio para muchas especies, como la nutria, que subiendo por el cauce del Gigüela ha llegado hasta aquí, donde siempre hay agua gracias a la arena del lecho y al nivel freático.

Julio nos cuenta que recuerda cómo hace tiempo él veía en una de sus salidas por el Parque cuatro o cinco nutrias, y entonces se podía decir que había muchas, porque «es un animal muy astuto y no es fácil de ver».

De pequeño, nos relata que, como siempre, estaba por ahí con el trasmallo, con la caña y que un día yendo con su perra que se llamaba Saeta, «que era como una persona, como todos los perros que he tenido». «Iba por la zona de Los Pesebres con el barco, cerca de los corros que había hechos para los puestos de caza, en el centro de los masegones, los corros de masiega. Como saliendo de la madre, metiéndome en la tabla por un chorrero de paso para cuando había que pasar a pescar o cazar, va y se tira la perra en el masegón, y empiezo a llamarla, Saeta, Saeta. Venga a llamarla y la Saeta sin venir y veo una cosa que se movía, veras que va ser una culebra», se dijo.

«Y al acercarme veo una cabecilla, en la cama hecha por la madre en el masegón, madre mía qué es esto», se dice.

«Y era una nutria recién nacida. Qué cosa más monilla, qué cabecilla. Y dije esta me la llevo yo para criarla».

Y se la llevó a casa donde su tía Encarna tenía cabras. Le pidió leche y para su sorpresa la nutria la tomaba. La tuvo unos días hasta que una prima hermana suya, María, a la que le gustaba criar a los bichos, se llevó la nutria. Julio tenía 7 u 8 años, según nos cuenta.

«Anda que no le daba yo besos a la nutria. Cada vez que iba al pueblo iba a ver a la nutria, que a cada visita estaba más grande, na más que a base de leche y de sopas».

Nos cuenta cómo otra prima suya llamada Angelita, hermana de la anterior, que trabajaba en la fábrica de chocolate de Manzanares, cogió y se llevó la nutria para el dueño de la fábrica y le contaba que estaba allí en la fábrica como si fuera un perro de compañía.

Habla de lo hermosa que era la nutria, que fue el único bicho que crió, aunque con su hermana Angelita criaba vencejos (fumarel cariblanco). »Pero eso era otra cosa».

Le digo que hace poco vi uno en las charcas de los Alpargateros, y Alejandro que el año pasado criaron en Navaseca.

Julio refiere que se están muriendo los bichos en Navaseca, y otra vez vuelve la conversación hacia la calidad de las aguas residuales y lo mala que es y al plan Regata, que de nuevo indigna a Julio.

Nos cuenta cómo cuando trabajaba en el Parque iba a Pedro Muñoz a sacar patos afectados por las epidemias de botulismo y cómo tenía que meter las botas y los trasmallos días y días en agua para quitarles el mal olor.

«Coño, mierda, que eso es mierda, si eso se echara aquí en el Parque, el Parque había terminao, clarico lo dije el otro día en la tele, perdonad que os lo diga pero es así... antes el Parque daba muchos millones y muchas pesetas a toda la provincia de Ciudad Real, porque el Parque lo criaba y ahora, hay que metérselos al Parque», termina diciendo, al tiempo que sale por la puerta apoyado en su vara.

Sabe bien de lo inútil y costoso de las inversiones hechas que no le devolverán el paraíso que conoció y en el que siempre ha vivido.

Ese año, a lo largo de diez jornadas durante los meses de abril a julio, capturamos 169 pájaros de los que 17 fueron recuperaciones.

Tras años de sequía y un verano más caluroso de lo habitual, las fumarolas alumbraban de nuevo el Guadiana. El agua trasvasada desde el acueducto Tajo-Segura ese año para inundar Las Tablas fue claramente insuficiente. De los veinte hectómetros cúbicos derivados en abril, apenas si llegó un hectómetro a Las Tablas. El cauce totalmente seco del Gigüela, junto a alguna captación por el camino, era capaz de llevarse ese y otro trasvase como ese, sin que Las Tablas se beneficiaran de ello. Un parche más entre tantos en el complejo problema de salvaguardar un humedal en mitad de un territorio que usa el agua como principal recurso para su economía.

Pero, con el año 2010 llegaron las lluvias, dando comienzo a un nuevo periodo húmedo.

Lavandera blanca (Motacilla alba) bajo la lluvia

25 DE ABRIL DE 2010. LA QUEBRADA

La vegetación comienza a despuntar en unas Tablas totalmente inundadas. Se oyen los cantos de la buscarla, el ruiseñor bastardo, carricero común, carricero tordal, somormujos, fochas, gaviotas….

A las ocho de la mañana los primeros pájaros en caer en las redes son dos ruiseñores comunes y un carricero común, de los primeros carriceros de la temporada de anillamiento. Uno de los ruiseñores está anillado en la pata derecha, corresponde a un año par, pero no es este, pues tras revisar la base de datos de la estación vemos que fue anillado el 12 de junio de 2008, y volvió a recuperarse el 10 de mayo de 2009, y por tercer año consecutivo regresa a La Quebrada, ¿no es estupendo?

El ruiseñor común, que tras atravesar el Sáhara llega a Las Tablas a criar, es más fácil de ver en los pasos potsnupciales de septiembre cuando es más abundante.

Transcribiendo estas notas de mi cuaderno de campo, reviso los datos de la estación y compruebo cómo este ruiseñor fue capturado de nuevo por nosotros en mayo y junio de 2012. ¡Qué fidelidad!

Suele ocupar el ruiseñor los olmos que bordean la red cinco, ese pequeño bosquecillo donde año tras año saca adelante a su prole hasta la llegada del final del verano, momento en el que estará preparada para emprender el viaje de vuelta.

Hay una gran superficie de agua libre, más que tablas bordeadas por vegetación, parece un gran pantano, no hay nada entre orilla y orilla, donde se acumula una gran cantidad de restos vegetales secos. Son el fruto de las labores de «desbroce» o de «retirada de materia orgánica», según se prefiera, que se realizaron el año pasado aprovechando que el Parque estaba seco. A muchos no nos gustó ver maquinaria en los tablazos secos. Creo que en el manejo de la naturaleza el fin no siempre justifica los medios.

Las redes uno, dos y tres están rodeadas de agua, la cuatro está parcialmente sobre el agua, unos 30 centímetros en su palo más al noroeste. La cinco se abre paso entre el bosquete de olmos, revitalizado con nuevos brotes. La red número seis es la que más metida está en el agua, lo que nos obliga a subirla por el mástil más arriba para evitar que la última bolsa de la red se sumerja y ponga en peligro las posibles capturas.

El agua pronto llama a la vida. Viendo una pequeña muestra o a poco que nos fijemos en su superficie, podemos observar el hervidero de pequeños invertebrados que sustentan la cadena alimenticia.

Desde La Quebrada se ve cómo en Puente Navarro se están haciendo obras para recrecer la presa en la que el Parque Nacional tiene su límite sur. Todo para evitar que el agua, que generosamente nos ha brindado el cielo, se vaya por su camino Guadiana abajo, siguiendo un ciclo natural que nunca debió ser interrumpido.

En los años ochenta del siglo pasado, tras la ampliación de la superficie del Parque Nacional con la incorporación de esta zona denominada Las Cañas, se puso en marcha el llamado Plan de Regeneración Hídrica del Parque Nacional de Las Tablas de Daimiel. Entre otras actuaciones se construyeron dos presas para retener el agua, la primera de ellas desde el Quinto de la Torre hasta Cañada Mendoza, y la segunda junto al Molino de Puente Navarro.

Entre ambas, Las Cañas constituían la superficie de ampliación del Parque Nacional. Las presas con sus sistemas de compuertas permiten regular el agua que entra y sale dentro del espacio protegido, manejando sus niveles, creando un sistema cerrado que a largo plazo tendría sus consecuencias debido a la acumulación de materia orgánica en su lecho.

8 DE MAYO DE 2010. LA QUEBRADA

El día amenaza lluvia, es la tercera jornada de anillamiento del Paser de este año y lloviendo no podremos anillar. Qué fastidio, pero es habitual en este mes que alguna tormenta haga su aparición. El viento sopla del suroeste, nubes bajas con claros y la temperatura rondando entre 12 y 13º C. Así amanece el día.

Algunas gotas me han caído saliendo de Villarrubia hacia La Quebrada. A lo largo del camino desde Griñón me han salido al paso ocho conejos y dos liebres. En La Puente el Conde se me cruzó un chotacabras con las primeras luces del alba.

Son las 7,30 horas y las redes ya están colocadas y abiertas. Una garza real vuela hacia el sur río abajo, le siguen tres garcetas, y un grupo de unas cuarenta gaviotas reidoras. Las garzas van río arriba, río abajo. Están en época de cría. La vegetación sigue creciendo con fuerza. Pero todavía hay grandes superficies de agua libre. Las Tablas no tienen su fisionomía característica de laberintos de agua rodeados por una vegetación que no deja ver el horizonte.

El sol comienza a asomar rondando las ocho, cuando otro grupo de gaviotas pasa volando sobre el agua hacia el sur. Veo somormujo lavanco, zampullín chico y un grupo de patos coloraos, el emblema del Parque Nacional, un ave dependiente de la existencia de ovas para quedarse a criar o para marcharse.

Hay muchas golondrinas en vuelo, se oye una abubilla a lo lejos y me parece oír una codorniz, cada vez más ausente y más escasa.

Alex R. me dice que ha visto carpas y cachuelos en Molemocho, por las pasarelas y por la estación de aforo del Gigüela a su paso por Villarrubia de los Ojos. Sin duda una excelente noticia, están entrando peces, claro que también entrarán otros menos bienvenidos, como el pez gato o el percasol.

Cogemos un sapillo pintojo de apenas tres centímetros de longitud. Otro buen indicador de cómo está sentando esta inyección de agua natural.

Una vez más aparece Julio y se sienta con nosotros alrededor del fuego que abre paso a la boca del gran horno tras la chimenea de la casilla. Nos habla de las culebras, de las grandes culebras que había otras veces en el Parque, cuando él trabajaba aquí, de los encontronazos con ellas y del miedo, yo diría más respeto, que le imponen.

Recuerda cómo en una ocasión, yendo con su perro Ter, este se quedó parado, retrocediendo y avanzando con inquietud. Y cómo, al llegar hasta él, descubrieron la camisa de una gran culebra. Se trataba de la muda de una culebra bastarda, la serpiente más grande de España, que puede rebasar los dos metros de longitud, y que suele ser bastante agresiva, sí bien su mordedura, aunque dolorosa, no es mortal para el hombre.

Recuerdo ver esta camisa colgada entre los libros del Centro de Visitantes, con una longitud de más de dos metros.

La jornada de anillamiento se salda con 34 pájaros anillados, La mayoría de ellos carricero común, todos adultos, aún es pronto para la cría. El carricero común pasa el invierno en África Tropical. Es el pájaro más abundante en la capturas. Este es su hábitat de cría. Todos los años vemos cómo los pájaros más grandes son los que volarán más al norte y los más pequeños se quedarán aquí en Las Tablas, y cómo un año más, tras una travesía que les hace cruzar el desierto del Sáhara, llegan aquí para criar. Y todo ello con un peso que oscila entre los 9 y los 12 gramos.

Tras la jornada nos vamos para La Duquesa en busca de algunas cañas y a comentar el día. Por el camino Alex R. nos cuenta que ha visto nutria en Molemocho y en la orilla de la Isla del Pan. Otro bicho más que vuelve con el agua.

En La Duquesa, nos encontramos con Conce, que está echando una mano a Turbicis como guía en las visitas a Las Tablas. Conce es un naturalista nato, buen conocedor de todo bicho viviente en la zona y de la vegetación que le rodea, además de un apasionado de la arqueología, de cuyo origen histórico también sabe lo suyo.

Nos habla de calamones dando de comer a sus pollos, de nidos de patos, de torcecuellos en los tarayes de la Isla del Pan, de haberse cruzado por Casablanca con un meloncillo y con un tejón por las pasarelas de la zona de visita.

Desde la terraza de La Duquesa vemos cómo el «ecoturista» sigue llegando al Parque en tropel. Es el efecto llamada que tiene el agua. La zona de uso público se ha prolongado desde el Centro de Visitantes hasta el Molino de Molemocho, que parece no tener nunca suficiente hormigón en sus entrañas y al que se le sigue añadiendo más y más, para evitar su hundimiento bajo la turba.

15 DE MAYO DE 2010. LA QUEBRADA

Hoy el día está algo nublado, con viento ligero del noroeste. A las 7,30 horas caen en las redes los tres primeros carriceros de la jornada. Se ven muchos más vencejos que la semana pasada. El nivel del agua se mantiene y la vegetación continúa creciendo.

Hemos capturado el primer pollo de tarabilla común de esta primavera.

Julio nos cuenta que están criando patos en Los Corrales y en las orillas donde hay carrizo, que las garzas no están criando porque no hay vegetación que se lo permita, resultado de la retirada de biomasa que se hizo el año pasado aprovechando que el Parque estaba seco. Se acabó con la fisionomía característica de Las Tablas: láminas de agua despejadas conectadas por trochas. Ahora es todo una gran superficie de agua, sobre la que comienza a despuntar la vegetación nueva.

Nos cuenta Julio también cómo le cuesta manejar el barco sobre esta gran masa de agua libre, a causa del oleaje que provoca el viento, sin el parapeto de la vegetación y que por ello no sale con el barco.

Capturamos el primer papamoscas gris de este año. Está de paso hacia el norte, al igual que la curruca mosquitera que le sigue. Una garceta común vuela río arriba. Se oyen gangas, vuelan alto y no consigo verlas.

Cerramos las redes a las 12,30 horas, fin de la jornada, el día continúa entre claros y nubes.

Vuelvo a Villarrubia por Casablanca, bordeando el extremo norte del Parque Nacional. El arroyo de Cañada el Gato, a la entrada al Parque, ya está seco. Hay ranúnculos con sus flores blancas.

Continúo camino hasta el Quinto de la Torre, donde el carrizo va creciendo y tomando porte en el margen derecho del río Gigüela. Un poco más abajo, hacia el sur, se juntará con el Guadiana, que antes de salir del Parque chocará con la nueva presa de hormigón de Puente Navarro, recrecida y ampliada para garantizar que el agua no continué su curso y mantenga el nivel en Las Tablas.

La cebada y la avena se turnan con barbechos en las dehesas de Casablanca. Desde el Quinto de la Torre veo la presa que va hacia Ojillos de Cañada Mendoza.

Aunque fuera de la zona de uso público, antes se podía atravesar el Parque de un extremo a otro, andando sobre la presa de tierra y piedras, pasando por la Isla de las Cañas, donde se conserva una de las motillas de la Edad del Bronce, que fue parcialmente excavada en los años ochenta cuando esta zona estaba desecada. Casi enfrente, al otro lado de la presa, está la Isla del Morenillo, con su antigua casa de pescadores, ahora rehabilitada, cuyo porche abierto en la cara oeste es un observatorio privilegiado.

Me viene a la memoria uno de esos recuerdos que perduran en lo más profundo. Recuerdo llegar hasta la Isla del Morenillo desde el Guadiana en barco por la zona de Valconde, con Bautista, «Bauti», de barquero, durante un censo de invernantes. Sería en enero de 1997. Las Tablas se recuperaban de uno de los periodos más secos del siglo, que tocó fin con las lluvias que arrancaron en 1996. El Guadiana llegó a correr contra natura, río arriba se remontaba hacia sus orígenes. Por aquella época nunca imaginamos ninguno que podríamos ver así Las Tablas, ni siquiera los que las conocieron en todo su esplendor.

Aquel día, como mandaba la tradición y antes de arrancar la jornada de trabajo con el censo de invernantes, nos desayunamos unas buenas gachas manchegas en la casa de los guardas del Centro de Información del Parque Nacional, para salir después con la energía suficiente rumbo a distintas zonas de Las Tablas en equipos de dos o tres personas. Mi compañero al mando del barco de fondo plano, Bautista, «Bauti», miembro de la guardería del Parque, había nacido y crecido junto a su hermano Jesús, «Chule», en la Isla del Pan y poco o nada se le escapaba de la vida de este lugar. Los dos hermanos trabajaban en el Parque Nacional, como ya lo hiciera su padre en la antes Reserva de Caza Nacional, tras haber formado parte de la familia de pescadores del Guadiana, de Las Tablas.

Llovía suavemente bajo un cielo gris plomizo. El suave repiqueteo del agua sobre las tablas, solo interrumpido por alguna anátida sorprendida por nuestra presencia a bordo de ese pequeño barco, sentado sobre un listón de madera situado de costado a costado a modo de asiento, prismáticos en mano, con Bauti deslizando dócilmente la percha entre su manos para desplazarnos sobre el agua con la misma suavidad, permanecerá en mi memoria para siempre como uno de esos momentos mágicos que a veces se presentan en contacto con la naturaleza y que hacen remontarnos hasta nuestros orígenes. Desde El Morenillo, hasta la Isla Rasa, y la de Zarcas, hacia la del Martinete y la de Las Yeguas, hasta la Isleta de los Gambeta. Agua, tablas e islas, como fueron siempre y como serían durante este despertar.

Hoy, trece años más tarde, asistía a otro de esos despertares propiciados por la lluvia caída sobre este maltrecho espacio natural.

El Gigüela saltaba la presa por encima con energía. Los abejarucos revolotean a la caza de insectos sobre los tarayes, de cuyo festín daban muestra las egagrópilas cubiertas de pequeñas partes de sus cuerpos de color negro brillante y con tonos metálicos que encontraba por el suelo.

Continuando camino hacía Villarrubia, llego al arroyo de Cañada Lobosa o de Casablanca, cerca de las casas del mismo nombre, donde hubo un pequeño núcleo de población con su capilla y escuela, de las que se podían ver sus restos hasta no hace mucho. El arroyo no lleva agua, pero sí hay mucha vegetación. Oigo cantar al carricero tordal. La alameda y las junqueras han recuperado su vigor con las lluvias y el renacer del arroyo.

Me viene ahora a la memoria como esta mañana Julio nos contaba que su padre le mandaba a por juncos para hacer garlitos, y subía con el barco por el arroyo de Casablanca a por ellos. También nos hablaba de la cantidad de agua que entraba por el arroyo de Xétar, situado más hacia el este, inexistente antes de las últimas lluvias. Lluvias que como siempre vuelven para reclamar lo que siempre fue suyo, del agua. Por ello han anegado los campos de cultivo próximos. Suele el hombre olvidarse de lo que es del agua, para luego reclamárselo cuando esta lo recupera.

Antes de llegar al Pozo de las Pilas y al chozo de Asterio, donde el carrizo crece con fuerza ocupando la extensión ganada a los prados de limonio que se multiplicaron en época de sequía, veo levantarse un par de ejemplares de garza imperial y un grupo de unas quince garcillas bueyeras. Es posible que estén criando por aquí cerca.

Continúo camino del pueblo, las cogujadas andan en parejas y los trigueros resuenan como llaveros en las copas de los tarayes.

Todo el margen derecho del Gigüela hasta el camino hacia Villarrubia está cubierto de carrizo, salvando los cultivos allí donde los hay. Veo una abubilla, y un aguilucho lagunero en vuelo. Un grupo de garcillas se levanta y, tras un corto vuelo, se echan de nuevo sobre el carrizo.

No veo masiega por esta zona, en el que fuera el mayor masegar de Europa. Julio dice que, cuando baje un poco el agua y si sigue entrando limpia, crecerá la masiega.

Nos contó que hace unos días vio una recacha, y que hacía años que no las veía. La agachadiza común en paso prenupcial ha vuelto con el agua. Le gustan las orillas encharcadas y embarradas donde con su largo pico busca alimento entre el fango. Tal vez recuerda otros tiempos cuando pasó por aquí. Tal vez se pregunta si podrá recuperar fuerzas en estas orillas el año que viene.

5 DE JUNIO DE 2010. LA QUEBRADA

Sol, despejado, la temperatura rondando los 20° C, ligera brisa del nordeste. La vegetación ha crecido mucho, el paisaje en La Quebrada no parece el mismo de la última vez.

En la red seis el nivel del agua ha subido bastante. Se debe a que se ha cerrado el aliviadero de la presa de Puente Navarro, aumentando el volumen del vaso lagunar. También ha subido el nivel en las redes tres y cuatro.

Veo a Julio que viene hacia el embarcadero en barco con la que creo que es su prima. Dice que es el primer día que sale con el barco. Saca dos garlitos que tiene sumergidos cerca del embarcadero y recoge medio cubo de cangrejos.

Me dice que está todo muy bien, que ve muy bien el Parque: «el agua está muy clarica y con la ova saliendo por todas partes».

Me pegunta si he visto peces en el Gigüela por Villarrubia. Le digo que no. Se interesa porque aún no los ha visto entrar por el río. Me dice que las garzas intentaron anidar cerca de Los Motores, justo enfrente, pero que al final no se quedaron.

Veo un fumarel cariblanco en vuelo río abajo y una garceta grande hacia la presa de Puente Navarro, donde siguen trabajando en su recrecimiento.

Agachadiza común (Gallinago gallinago)

Hemos capturado un par de zarceros aparentemente reproductores, por lo que sería la primera vez que se cita la nidificación de esta especie en Las Tablas.

El zarcero común es más habitual en el paso postnupcial que en el prenupcial, durante el que es más fácil de observar aquí en Las Tablas.

En el agua se ve algo de lenteja de agua, y muchos microorganismos. José Manuel comenta que en Algeciras ve muchos gusanos rojos, que los recuerda de antaño, aunque no cómo se llaman. Son gusanos de sangre, larvas de Quirómidos. Aquí también los vemos en el agua.

19 DE JUNIO DE 2010

Parcialmente nublado, viento del oeste.

Hoy he salido con la bici por el camino del Carrascal hacia el Cerro de Entrambasaguas, por la orilla norte de la Madre Chica del río Gigüela. Toda esta zona está saturada de agua. Los márgenes de la Madre Chica están marcados de innumerables huellas de jabalí. A la altura de la nave de la finca del Rosalejo, me encuentro con el agua de cara. El agua oculta por completo el camino. No tengo más remedio que abandonarlo y girar al norte, hacia terreno seco. Subo una ligera pendiente por un viñedo anegado. Hay un pozo artesiano de forma elíptica hecho de piedra, en el que el nivel del agua está apenas a un metro de la superficie. Próximo hay un perito sanjuanito que está plagado de peritas, muchas de ellas caídas en el suelo. Cerca está la orilla del agua desbordada desde la Madre Chica, el margen esta fangoso, con un limo blanco pegajoso en el que te hundes al pisar.

Hay una pareja de cigüeñuelas que debe tener el nido cerca, ya que defienden con ímpetu el territorio e intentan literalmente echarme. Me sobre-vuelan la cabeza con intención de picotearme. No tengo más que alejarme, tampoco pretendo molestarlas, pero están en una actitud muy agresiva. Veo una pareja de porrón europeo, fumarel cariblanco y un andarríos.

Más hacia el oeste hay otros dos ejemplares de perito sanjuanito, que también están plagados de fruto.

Cerca de los árboles parte una zanja que está llena de agua. Continuó por el plantío hasta llegar a una casa de labranza que se conserva en buen estado. El camino de acceso a la casa desde el camino de Malagón está flanqueado de almendros a ambos lados. De uno de ellos sale un pito real, que parece estar haciendo el nido. Tiene dos agujeros hechos en el árbol, uno más adelantado que el otro.

Siguiendo el camino de Ciudad Real llego hasta el Pozo de las Pilas, por donde veo una garceta común, una pareja de azulones y grandes bandos de estorninos. Muchas de las viñas están anegadas de agua.

Continúo camino hacia el dique que lleva hasta el Cerro de Entram-basaguas, ya dentro del Parque. Cruzo la Madre Chica con agua a ambos lados del puente. Tres garzas imperiales se echan en distintos puntos sobre la vegetación de carrizo. Toda esta zona está rebosante de vida, me cruza un ganso común en vuelo, un macho de colorao, hay zampullín chico en el agua, fochas. Un fumarel cariblanco vuela hacia el interior del Parque al igual que una garcilla bueyera.

El agua se ve limpia, aunque con mucha lenteja de agua, y algas filamentosas flotando. Son indicadores de la calidad del agua, que muestra cierta eutrofia. La lenteja de agua crece en ambientes ricos en fósforo. El agua procedente del Gigüela arrastra el agua de las depuradoras de los pueblos situados cuenca arriba de Las Tablas. Es la contrapartida del aumento del caudal de agua por el Gigüela, a pesar de la depuración.

El agua que llega a Las Tablas, ya no es aquella que propiciaba un ecosistema único en Europa, agua de carácter salino procedente del Gigüela, un río estacional, y agua dulce procedente del Guadiana que llegaba desde los extintos Ojos del Guadiana, ojos que «lloraban» agua del subsuelo, lenta pero constantemente. Ambos ríos se juntaban en Las Tablas y la mezcla de sus aguas permitía el desarrollo de una cadena trófica que no volvería a equilibrarse desde las primeras desecaciones, canalizaciones de los ríos y desde la sobreexplotación del acuífero subterráneo, cada vez más esquilmado y más contaminado por los insumos de la agricultura. La única oportunidad para recuperarse durante toda la historia de este Parque Nacional ha venido de la mano del cielo o de la generosidad, no siempre posible, de los trasvases entre cuencas, del Tajo-Segura. Pero se ha olvidado un pequeño detalle, los ríos no son canales de conducción de agua. Son ecosistemas vivos. Y como tales son sensibles a la degradación propiciada por el intervencionismo del hombre.

A pesar de ello la naturaleza responde, y es generosa cuando el agua la alimenta. Se ve la ova creciendo en el fondo de las tablas, las praderas de algas que son la base de la cadena alimenticia, oxigenando el agua y facilitando el desarrollo de la vida.

El agua llega hasta el extremo sur del Cerro de Entrambasaguas. Pasan numerosas garcillas bueyeras en vuelo río abajo, probablemente a dormidero.

Está cayendo la tarde. La castañuela abunda en las orillas. Un fumarel cariblanco se lanza al agua en repetidas ocasiones a la pesca de alguna gambusia, pero esta vez sin éxito. Hay continuas huellas de jabalí por todos lados. Los tarayes ya en flor dan cobijo a los trigueros y verderones que entran a dormidero.

De vuelta veo otro bando grande de estorninos y algunas garcillas más. Al fondo sobre el río sobrevuela otro fumarel. Se oyen cantos de carriceros y también llego a oír un par de codornices a lo largo del camino. Hay gente pescando cangrejos en la otra orilla del Gigüela río arriba de Puente el Conde, testigos mudos de la pesca otrora fuente económica de las gentes del río.

Es como volver al pasado por unos instantes, a recuperar aquello que parecía perdido para siempre.

3 DE JULIO DE 2010. LA QUEBRADA

Una nueva jornada del Paser desde La Quebrada. El cielo está nublado, amenaza tormenta, el viento sopla del oeste.

Abrimos las redes a las ocho de la mañana, pero el día no acompaña. Alex R. nos habla de una garcera enfrente de la Isleta de los Gambeta y de la colonia de fumareles que hay en la Tabla del General que ya va por la segunda puesta.

Vemos una garceta grande volando, Alex R. dice que hay dos parejas criando en al Parque. Tres martinetes vuelan hacia el sur, dos codornices, una gaviota sombría. El tránsito de aves continúa, río arriba, río abajo, un auténtico corredor de vida.

Sigue haciendo viento y no, los pájaros no entran a las redes, por lo que decido dar un paseo por el cortafuegos que bordea el Parque en dirección norte, oigo gangas en vuelo. Se oyen muchos carriceros cantando desde la espesura. Llego hasta la casa de los guardas que daba acceso a la Isla del Perinat o de los Olayos. En una tabla próxima sestea un bando de coloraos, en su mayoría machos. A la Isla del Perinat se llega desde la Isla de los Hinojos, y hasta ahí desde la caseta del guarda en la orilla izquierda del Guadiana donde se tenía que coger el barco para entrar a la «isla de fuera» donde vivía la familia del guarda, de Justo Escuderos, «Justillo», y desde ahí a la «isla de adentro», la de los Olayos, donde tenía la casa Francisco Martí de Veses y que luego fuera propiedad del marqués de Perinat. Entre ambas islas se abría el canal del Guadiana, hecho para desecar Las Tablas antes de su declaración como Parque Nacional en 1973. Se pretendía ganar terreno a la agricultura. Un proyecto que no tuvo éxito pero que hirió gravemente al humedal. Las imágenes de la hemeroteca del NO-DO de Televisión Española dan crédito de lo que ahora calificaríamos como delito ecológico. Maquinaria pesada hundiendo el agua de Las Tablas en un canal, acabando con el serpenteo lento del río Guadiana tras unirse con un Gigüela hecho ya tablas. Así la zona de Las Cañas quedaría libre de agua para la agricultura.

Recuerdo haber entrado andando a la Isla del Perinat a mediados de los años 90 con el Parque totalmente seco. Entrar en aquella isla te trasladaba a otra época y a otro espacio, colonizada por un bosquete de gigantones, que ocupaba a modo de circo todo el centro de la isla entre cuya espesura se dejaban ver los restos de una gran casa de dos plantas hecha de piedra y restos de una valla ganadera de madera, testigo de otro intento desafortunado del hombre de reconvertir el humedal en otra cosa que no fuese lo que era, mediante la introducción de ganado vacuno. Otro fracaso.

La naturaleza lleva millones de años ensayando, ¿acaso creemos que podemos mejorar su labor?

Ahora nada queda de eso, ni siquiera las ruinas de las moradas de aquellos que fueron testigos de la gloria de Las Tablas. Solo el bosquete de ailantos me descubre dónde se encuentra la Isla del Perinat, la de los Olayos, la Isla de dentro, donde Julián Settier viviera los mejores años de su vida como administrador del cazadero de aves acuáticas que Francisco Martí de Veses gestionaba para la nobleza de la época, allá por el siglo XIX. Tal y como relata en su obra *Caza menor, anécdotas y recuerdos*, donde dedica un capítulo a las Lagunas de Daimiel, la isla de adentro, ahora sí isla, pero sin la grandeza de antaño.

El agua en esta zona está clara, se ven las ovas creciendo en el fondo, con algo de lenteja de agua en la orilla, el carrizo creciendo junto a la enea y la castañuela en las orillas, la verbena está en flor.

Vuelvo a La Quebrada, sigue haciendo viento y la jornada de anillamiento está ya complicada. Nos visita un carpintero de Daimiel, Mauricio Loro, que proviene de una familia de carpinteros fabricantes de barcos de fondo plano, los que se utilizan en Las Tablas.

Mauri, Mauricio, le ha hecho un barco a Julio, de siete travesaños, que mide 3,20 metros de longitud, nos cuenta que lo ha hecho según las notas de su abuelo también barquero, quien nació aquí en La Quebrada y que según sus anotaciones el barco de siete travesaños media 3,23 metros de longitud.

Habla con entusiasmo de cómo ha encontrado las plantillas de los barcos de su abuelo. Los había de tres, cinco, siete y ocho travesaños, y de 6, que eran más manejables y podían cargar más, por eso eran los que más les gustaba a los pescadores, según dice que le contaba su padre, y que los de nueve eran demasiado grandes.

Julio ha llegado hoy más tarde de lo que acostumbra y se ha unido a nosotros con Juli «el Trompa», su primo, con el que va siempre.

Está cabreado, dice que el director del Parque le ha dicho que no puede utilizar el barco nuevo en Las Tablas, ya que el Parque tiene un número de barcos determinado y este no se puede aumentar. Pero Julio no entiende de burocracia, y está deseoso de probar el nuevo barco de Mauri.

Hemos estado en su casilla para hacer una tortilla de patatas que Alejandro lleva retándome a hacer desde el principio de la campaña de anillamiento del programa Paser. Hoy era uno de los últimos días y llevé patatas y huevos como era menester para ponernos a ello. Él se encargó de traer una botella de vino. Ha traído un cabernet-sauvignon de Chile de nombre Carmen, que ha resultado bastante bueno.

Como ya el verano está avanzado no hacemos fuego en la casilla, por lo que Alejandro dijo que podríamos hacer la tortilla en casa de Julio. Pero este andaba con prisa porque venía su hijo con la familia a comer.

En el dintel de la puerta de entrada a la casilla de Julio hay unos azulejos de cerámica con un dibujo en azul de Las Tablas y un barco con su correspondiente vara de perchar flotando en el agua, en el que se puede leer; «Casilla de Julio Escuderos, 1907».

Detalle del azulejo de la casa de Julio Escuderos

Tras la cortina está la puerta que da paso a la estancia. De frente hay una cocina moderna de gas. Pero la cocina de verdad, donde se cocina y se hace vida, se abre a la izquierda como habitación principal de la casa. Es una habitación rectangular. Al fondo está la chimenea con dos poyos a ambos lados de la misma, dos serijos de enea frente al fuego invitan a sentarse. A izquierda y derecha hay dos ventanas iguales enfrentadas, una da al río Guadiana, a Las Tablas; la otra al camino de acceso a la casa. Encima de la chimenea hay varios garlitos de mimbre.

Julio tiene ya la lumbre preparada para cocinar, y una sartén de tres patas con aceite y su correspondiente cuchara espumadera.

Le dice a «el Trompa» que me ayude a pelar patatas y Juli se presta a ello abriendo una navaja que saca del bolsillo de su pantalón. Me dice que no es patata buena, que esta es amarilla, y que la patata buena ha de ser blanca. Yo le digo que es otra variedad, pero insiste en que la patata buena es la blanca.

Como no encontramos ningún utensilio de cocina que me ayude a dar la vuelta a la tortilla manejando la sartén de patas, decido cambiar la tortilla por patatas con huevos, por lo que le pido a Julio unos ajos. Me pregunta que qué hago yo en Villarrubia, que si no me podía haber metido en el Parque. Le digo que yo ya trabajé hace años en el Parque, pero no lo recuerda.

En la pared tiene fotos de Las Tablas que me dice que son de los años 90, pero yo creo que hay alguna más antigua. En una de ellas posa más joven con un pollo de garza en el interior de una garcera.

Encima de uno de los poyos hay unos cartuchos del 12 con bala. Julio me dice que son los mejores para la caza mayor, que son alemanes y que son los mejores junto a los Remington. De una de las paredes cuelga un termómetro montado en la pata de un jabalí, junto a unos dibujos de la cabeza de un corzo y de un jabalí. El carburo y la rejaca que utilizara en su época de pescador también reposan en el encalado muro.

Julio prueba las patatas y dice que están buenas y que comería a gusto con nosotros mejor que la comida que va a preparar, pero que como viene su hijo, pues tiene que cocinar. Va a hacer un magro con arroz. Toma una sartén de cuatro patas y tras calentar el aceite echa el magro adobado a freír. Me dice que no prueba los huevos ni nada que los contenga y que tampoco prueba la leche, que desayuna una pasta o algo así, y que el queso sí le gusta pero poco.

Al lado de la casilla de Julio, está la del «Trompa». En la fachada que da a Las Tablas tienen un pequeño huerto, con un joven albaricoque que tiene una fruta estupenda, nada que ver con la que se vende en el mercado.

Hoy el tiempo no ha acompañado y la jornada de anillamiento ha sido pobre, tan solo hemos capturado siete pájaros durante toda la mañana, dos de ellos carriceros ya anillados en días anteriores, pero se ha compensado con las patatas y la compañía.

18 DE JULIO DE 2010

Sol y viento del nordeste. Hoy es la última jornada del Paser de este año, Lucas se ha venido conmigo y, a pesar del madrugón, se lo ha pasado en grande, ha estado cogiendo bichos entre la vegetación con unos tarros de cristal que ha encontrado sobre la chimenea de la casilla. Nada más subir al coche se ha quedado frito. Hemos capturado veinte pájaros de diez especies distintas, predominan los carriceros, y once del total han nacido en este año, como el mosquitero papialbo que hemos capturado, otro migrador transahariano que era escaso en Las Tablas y solo se veía en los pasos. José Manuel comenta que cree muy probable que críe en la sierra de Villarrubia. También hemos capturado un ejemplar de zarcero común. Seguramente esté de paso hacia el sur, hacia su zona de invernada.

Julio llegó a media mañana como de costumbre, pero hoy no se ha pasado por la casilla. Cuando nos íbamos había aparcados dos coches oficiales, uno del Parque y otro del MMA, seguramente estaban de visita en casa de Julio.

El agua parece tener buena salud, se ve limpia y se observan muchos invertebrados. También he visto un par de ranas. La lenteja de agua se acumula en las orillas junto con alguna que otra alga filamentosa. En el tránsito habitual río arriba, río abajo, volaban cormoranes, garza imperial, gangas, fumarel cariblanco. Uno de ellos pasó en vuelo con un pez en el pico. Garceta común. Se oyen zampullines entre la vegetación.

He comido alguna pera de San Juan del árbol que hay junto a La Quebrada, pero continúan duras. No consigo nunca tomarlas maduras. Los albaricoques ya los ha cogido Julio. ¡Qué sabor!

En el embarcadero hay un nuevo barco con vara nueva. Pero no he conseguido averiguar si se trata del nuevo barco de Julio, del que nos hablaba la semana pasada.

El carrizo sigue creciendo a buen ritmo y Las Tablas van tomando eso, forma de tablas, aunque aún se ven muchas zonas abiertas con agua.

Comentamos lo mal de la cría de los carriceros, de cómo puede ser debido a la inestabilidad atmosférica del mes de junio, con muchas tormentas y días de lluvia, y bajada de temperaturas. O de cómo ha podido afectar la falta de vegetación en el Parque, sin carrizo, hasta que este ha empezado a crecer, pudiendo ambos factores haber contribuido a atrasar o pausar la cría.

Por esta época del año los carriceros comienzan la muda post nupcial, muy apreciable en la cabeza y en la nuca. Antes de marchar hacia África cambiarán las plumas de cuerpo, las de las alas y cola lo harán en sus cuarteles de invierno. Conservan las manchas linguales durante el primer año y en el 90% de los casos es un rasgo de los pollos, aunque los adultos las mantienen en los tres primeros años, pero menos aparentes que en los nacidos en el año.

José Manuel seguirá anillando en Algeciras, una de las islas más grandes del Parque en su extremo noreste, y en La Quebrada todas las semanas, pero en días de diario. Intentaré escaparme algún día a ver cómo van la cosa por Algeciras, entre semana va a ser más complicado.

22 DE JULIO DE 2010. ALGECIRAS

Cielo despejado con nubes altas, 24º C, ligera brisa. Acompaño a José Manuel en una de sus jornadas de anillamiento en Algeciras, donde hay seis redes colocadas: cuatro en el extremo este de la isla, cerca del observatorio, y dos más hacia el sur y algo alejadas de estas cuatro.

Algeciras es la isla más grande del Parque junto con las Isla del Pan. Se encuentra en la zona norte del Parque, en el margen izquierdo del Gigüela, que baña sus orillas. Aquí tenía su origen el mayor masegar de Europa, gracias a la salinidad que aportaba el río Gigüela.

En la isla hay un observatorio de aves que mira hacia el este, hacia el Gigüela y sus tablas. Y dos pequeñas casas de labranza entre un olivar que ocupa prácticamente la mitad de la isla.

Despuntando el sol llego al borde del camino que da paso a la Isla de Algeciras. Por el camino he visto garcilla bueyera, alcaraván y aguilucho lagunero. Entrando a la isla en la tabla que queda a su derecha, he levantado tres martinetes, una garza imperial y seis cigüeñas, además de un bando de azulones, cigüeñuelas y algún fumarel.

Se oyen codornices y gangas en vuelo, zampullines y fochas en el agua. El nivel de inundación ha bajado un poco y ha aumentado la superficie ocupada por la lenteja de agua, visible en las orillas donde se acumula. El carrizo también se ha extendido considerablemente.

De las seis redes la uno y la dos están en el borde de encinas, la tres y la cuatro metidas en el carrizal con el suelo encharcado, y las números cinco y seis están en una pequeña mancha de tarayes en el borde de la isla, con carrizo y castañuela como vegetación dominante.

Vemos cómo los carriceros mantienen el patrón de muda en cabeza y nuca, más avanzado en los ejemplares más viejos.

Se ve mucho tránsito de garcillas bueyeras y garcetas, río arriba, río abajo. También veo pasar tres gangas en vuelo río abajo.

El carrizal lo ocupa todo, no veo ni masiega ni enea. El limonio está en flor.

Conforme avanza la mañana el calor se deja sentir y entran pocos pájaros a las redes, hay poca actividad. Los que inician su paso hacia el sur puede que hayan parado en su viaje, por el norte está haciendo frío y llueve.

En la isla se ven muchos revolcaderos de perdices, hemos visto tres liebres saltando y comiendo juntas. Los «candiles», como llamamos por aquí a la libélulas vuelan por todas partes

Los fumareles también siguen pasando río arriba, río abajo, algunos con comida en el pico, continúan en sus colonias aplicados en la cría.

Cerramos las redes a las 13,00 horas.

5 DE AGOSTO DE 2010

El río Gigüela va ya de capa caída a su paso por Puente el Conde, apenas un metro marca la escala que hay debajo del puente, aunque sí hay corriente.

Cerca de Los Montecillos en el camino que va de Villarrubia de los Ojos hacia Las Tablas, hay una encina sin duda centenaria, es un ejemplar magnifico de más de dos metros de diámetro. En la misma finca hay una casa de labranza ya en ruinas y una alberca pintada de azul en cuya pared crece la cañota, en el otro extremo de la alberca se alza una yucca.

Un chotacabras que me salió al paso por el camino vino a posarse a esta encina, para volver a levantar el vuelo cuando me acercaba.

En el pueblo, en las antenas de televisión, se ven las concentraciones de golondrinas preparándose para el viaje. Se posan y comienzan a intercambiar gorgoritos, como si se estuviesen contando cómo van a realizar el viaje; tras un rato intercambiando cantos, una de ellas decide echar el vuelo, y acto seguido las demás le siguen, es habitual verlas en esta actitud en esta época del año a primeras y últimas horas del día.

El calor sigue imponiéndose, aunque nos da algo de tregua por las tardes-noches, a veces con un agradable viento de verano.

Hace unos días se publicó en prensa que están apareciendo aves muertas en la laguna de Navaseca de Daimiel a causa del botulismo. Esperemos que no llegue a Las Tablas.

En el verano de 1999 Las Tablas sufrieron una terrible epidemia de botulismo que acabó con la vida de alrededor de 10.000 aves de diferentes especies, fundamentalmente acuáticas y ardeídas, algunas en peligro como la garcilla cangrejera.

A pesar del desastre no tuvo una repercusión significativa en la prensa.

Suelen los medios hablar de Las Tablas cuando hay mucha agua o cuando esta falta, pero poco lo hacen de su conservación, de su biodiversidad, de su importancia para las aves y de su valor como humedal.

8 DE AGOSTO DE 2010. RECORRIDO POR LAS TABLAS

El día está bochornoso, paso al primer observatorio del itinerario de La Torre de Prado Ancho, el más largo de la zona de uso público que se ofrece al visitante para conocer Las Tablas.

El nivel del agua ha bajado dejando al descubierto las praderas de ovas que asoman por las orillas de la tabla. Las aguas más someras son un hervidero de gambusias. En la ova seca hay posados fumareles cariblancos y canasteras, también hay fochas y cigüeñuelas con pollos. El carrizal ocupa el resto del espacio.

Veo por El Tablazo un barco conducido por Manolo Escuderos que sale desde la Isla de los Asnos, con sus inseparables gafas de sol.

El Tablazo es la mayor superficie de agua abierta de Las Tablas, de ahí su nombre. Cuando no hay agua parece una gran llanura salina, cuando hay agua es como estar en un gran lago.

Sigo por el itinerario de La Torre, la vegetación está exuberante, la verbena en flor, el malvavisco, el limonio, la espadilla, el carrizo, todas las plantas con gran vigor gracias a la primavera y el otoño e invierno que hemos tenido. La naturaleza agradece el agua caída y lo expresa de la mejor manera posible, dando vida.

Las pasarelas de madera del recorrido están casi tocando el agua, con más nivel el segundo tramo que el primero, donde se ven muchas gambusias. La castañuela también es abundante incluso en zonas ya secas, pero que mantienen la humedad.

Entro en el tercer observatorio del recorrido: algún friso, cigüeñuelas, fochas con pollos, gangas en vuelo, un lagunero planea en el horizonte sobre el carrizo.

Llego hasta el embarcadero de La Torre donde hay huellas y rastros de jabalí. La trocha que sale desde el embarcadero pronto se queda cerrada por el carrizo. Desde La Torre veo una pajarera cerca de Algeciras, y el tránsito de garcetas y garcillas es continuo, algunas se echan al agua en busca de alguna presa. Llega volando una garza imperial, un joven de este año.

La mayor lámina de agua se concentra en El Tablazo y en las tablas centrales. En el extremo más oriental el carrizo lo ocupa todo, no se ve apenas masiega, sí se ve algún corro de enea ya en flor. En El Tablazo sestean grandes bandos de fochas y otras anátidas.

De vuelta me asomo al embarcadero, en la orilla se concentran las gambusias entre la ova, aunque el agua tiene un tinte oscuro como si fuese té.

Calamón común (Porphyrio porphyrio)

Continúo hacia el itinerario de la Isla de Pan, la marca de hasta donde ha llegado el nivel del agua se aprecia en los pilares de madera de las pasarelas y en los tallos de la vegetación. La ova se extiende por todas partes, eso es un buen indicador, si no entra agua contaminada puede seguir así y acabar su ciclo vital.

Veo fochas con sus pollos, gallinillas con crías en distintas fases de crecimiento, comiendo ova.

En el cauce del Guadiana y en la Laguna Permanente desde la Isla de los Asnos se ven fochas y patos. Las acuáticas son abundantes allá donde se dirija la mirada.

Saliendo de la Isla del Descanso, en la trocha de la derecha se asoma un calamón entre los carrizos.

El calamón era un ave rara en la zona, se tiene la primera cita en Daimiel en 1991. Volvió a verse a finales de los noventa, criando en 1994. Es un ave igual de bonita que extraña, que parece haber sido rescatada de otro tiempo. Su alimento predilecto son los tallos de enea de los que extrae la médula hábilmente utilizando las patas de largos dedos y el pico. El azul de su plumaje contrasta con sus patas y el gran pico cónico rematado en la frente de color rojo. En los años 70 del siglo pasado quedó recluido a las marismas del Guadalquivir, estando en peligro de desaparecer, pero poco a poco se fue recuperando y ahora es relativamente fácil observarlo.

De vuelta, me encuentro con Conce, que me habla de los yacimientos arqueológicos de Villarrubia y de Daimiel, de un poblado romano al norte de donde estaba la casa del Quinto de la Torre, donde había mosaicos romanos, y del que dice que si se escavase aparecerían casas romanas.

Cuando han estado realizando alguna obra por esa zona, como una vez que, haciendo un agujero para plantar una encina, apareció una gran piedra que en un principio la dejaron allí y que, tras identificarla como parte de una columna romana, se la llevaron al museo comarcal de Daimiel.

También me habla de haber oído un avetoro en las pasarelas, de haber visto un meloncillo en Casablanca, de garcillas cangrejeras y garza imperial en el Molino de Griñón y de bigotudos.

El avetoro se consideró extinguido como nidificante en La Mancha en los años 80 del siglo pasado. La última vez que se vio en Las Tablas fue en la primavera de 1988. Más tarde se oiría en el cerrillo de los Pitos en marzo de 1998, y en Algeciras ese mismo año. En mayo se vio cerca de la Laguna Permanente. Se volvió a ver en junio y agosto del mismo año. Tal vez este año tenga la oportunidad de reproducirse de nuevo por aquí.

Las visitas al Parque han aumentado mucho, no cesa el tránsito de gente, los coches se extienden desde el aparcamiento del Centro de Visitantes hasta el del Molino de Molemocho. Demasiada presión para un espacio tan pequeño.

31 DE AGOSTO DE 2010. LA QUEBRADA

Sopla viento del sur, temperatura 25º C, despejado. La predicción anuncia nubosidad en aumento.

La vegetación crece con fuerza, el carrizo mide más de dos metros de altura y la enea ha crecido en el lecho del río.

Vemos los primeros carriceros en paso que llegan desde el norte y los primeros paseriformes invernantes. El agua junto a los barcos del embarcadero se ve en buen estado y se observan ovas en el fondo. Zampullín chico y fochas enfrente. La enea se ha extendido bastante por la zona desde la última vez que estuve por aquí en julio. El nivel del agua ha bajado desde entonces, las redes tres y cuatro ya no están sobre el agua, solo el palo de dentro de la red tres está inundado, la red seis sí se mantiene sobre el agua aún.

El primer estornino pinto que capturamos está mudando el plumaje, se ven bien las plumas viejas de la cabeza y el cuello. En el segundo ejemplar, la muda no es tan aparente, apareciendo el pecho más moteado.

También entra en las redes un zarcero común y un mosquitero musical.

En vuelo cruzan sobre el río un fumarel cariblanco, dos garcetas comunes y varias golondrinas, y algunas parejas de azulones que deben estar saliendo de la mancada.

José Manuel me dice que no ha capturado bigotudos, pero que los ha visto río abajo. Hace unas semanas Conce me decía que los había visto por la Isla del Pan. El bigotudo tenía aquí en Las Tablas uno de sus núcleos de reproducción más importantes de la Península junto a otras lagunas manchegas. Ligado a grandes extensiones de carrizo, ahora es mucho más escaso.

De vuelta, paro en Puente Navarro, la presa está fuertemente recrecida y las compuertas se han reparado. También veo que se ha instalado una estación de meteorología. El agua está a ras de las compuertas, que dejan pasar algo de agua por los aliviaderos. Hay una gran superficie de agua libre con enea en las orillas junto a la castañuela. Veo pasar en vuelo dos garcetas comunes. Y dos garcillas cangrejeras al otro lado de la presa.

En el Puente el Conde el río mantiene algo de agua prácticamente sin caudal. La depuradora está vertiendo en este punto. Hay mucha lenteja de agua en superficie. Se ven gallinetas y dos garcillas cangrejeras jóvenes, nacidas en este año, a las que se unen otras cinco más. Han criado sin duda en esta zona. Un par de fumareles, uno de ellos juvenil, están dando buena cuenta de los peces que divisan a media altura.

Por la noche hubo tormenta y se anuncia que seguirá para los próximos días.

25 DE DICIEMBRE DE 2010. NAVIDAD

Llego al Parque sobre las 9,00 horas, el termómetro marca -3º C, el cielo está cubierto.

Ha caído un buen hielo, como se suele decir. Cuando trabajaba aquí y me tocaba hacerlo algún día de Navidad, comentaba con mi compañera Santi que no entendía muy bien que viniese gente a visitar el Parque el día de Navidad, cuando veíamos aparecer algún solitario visitante. Era más joven sin duda.

Ahora soy yo uno de esos raros visitantes, que se junta con algunos jóvenes daimieleños que se vienen para acá antes de agotar las últimas copas que les lleven a terminar la noche o a empezar el día.

Por el camino, llegando a Molemocho, me cruzaron tres grullas en vuelo hacia el sur y tres perdices. El suelo está totalmente helado.

Me voy hacia el itinerario de La Torre de Prado Ancho. Los tablazos centrales están llenos de agua, muchas fochas, coloraos y frisos. Les acompañan los laguneros planeando sobre ellos.

A unos cien metros en la antigua finca de los Obregones, veo un jabalí que está comiendo y al verme, o más bien olerme, se para y se me queda mirando quieto, al poco continúa con lo suyo sin más. Se ve algo de masiega entre la masa de vegetación. Puede que represente el 5% de la vegetación emergente que se observa a lo largo de todo el recorrido, sobre todo en las tablas próximas a Prado Ancho, y al tercer y cuarto observatorio del itinerario. Por el camino aparece un zorro que cruza frente a mí sin inmutarse.

En Prado Ancho, en la escalera de subida a la torre, encuentro un cernícalo muerto. Es un macho adulto. No le veo ninguna herida ni nada. Tal vez el frío haya acabado con él, lo dejo en la tierra entre la vegetación cercana para que continúe su ciclo.

Desde la torre oigo grullas pero no las veo, tampoco en Casablanca donde suelen estar comiendo bajo las encinas durante el día. La antigua finca de los Obregones se está repoblando con encinas, cornicabras y retamas. Hace años, en los noventa aquí se sembraba cebada y maíz de regadío. Grandes pívots regaban los cultivos. Se decía que tenían motores de viejos submarinos para sacar agua. Ahora la finca ha pasado a Parques Nacionales, alrededor de novecientas hectáreas que dejaran de esquilmar el acuífero, aunque lo pasado no está pasado. El daño ya se hizo aunque ahora se intente remediar de alguna forma. Si algo fue esto antes que un gran cultivo, fue dehesa. El Gigüela sigue creciendo, la escala de Puente el Conde pasa de los tres metros.

III
2011. UN NUEVO DESPERTAR

Bando de flamencos (Phoenicopterus roseus)

11 DE ENERO DE 2011

Hoy he estado en la Virgen de la Sierra, el campo está saturado de agua. Las Tablas se ven a rebosar desde aquí, desde lo alto de la sierra, tanto las de Villarrubia como las de Daimiel.

Paso por el Gigüela de camino a Daimiel y el río lleva un buen nivel que va en aumento, aunque sin salirse del cauce. El río Azuer también lleva bastante agua y con caudal que le está metiendo al Guadiana, el Parque tiene casi 1.700 hectáreas inundadas.

7 DE MARZO DE 2011

Ayer vi las primeras golondrinas. Desde la ventana de la oficina un verderón común, y una hembra de curruca capirotada.

Hace unos días, grullas volando de noche hacia el norte.

1 DE MAYO DE 2011. LA QUEBRADA

De nuevo el Paser, de nuevo La Quebrada. El día amanece con niebla tras pasar el anterior con lluvia, las encinas de Zacatena están rodeadas por una neblina que las envuelve.

Abrimos las redes a las 7,30 horas. No entran muchos pájaros. A media mañana el sol empieza a apretar, es sol de tormenta.

El Parque es una algarabía de sonidos, la primavera está que arde. Se nota el agua. Justo enfrente de la casilla hay criando una colonia de gaviota reidora que contribuye al concierto. También se ven enfrente coloraos, zampullín chico, porrones, fochas, y fumareles cariblancos, garza real en vuelo, garcetas comunes. Más tarde se unen a la orquesta los anfibios.

A los carriceros se les oye poco. Julio dice que hay pocos este año. Y Alex R. comenta que el Parque está muy bien de ova y de bichos.

En total anillamos catorce pájaros, la mayoría ruiseñor común y carricero común, también un par de currucas mosquiteras, de paso hacia el norte, aunque es posible que lleguen a criar en nuestra sierra.

7 DE MAYO DE 2011. LA QUEBRADA

El día amanece totalmente cubierto y al despuntar el alba comienza a llover.

La tormenta se cierne sobre Las Tablas. A las 8,00 horas cerramos las redes, la lluvia aprieta y no amaina. Hoy se ha venido Lucas conmigo; a pesar de la lluvia, lo está disfrutando. En el camino de entrada a Los Motores, en los olmos, vimos un cuco posado. La colonia de gaviotas continúa criando frente a La Quebrada. Sigue tronando. Echamos lumbre en la chimenea que se abre ante el gran horno de la casilla, que servía para cocer el pan y los dulces para las celebraciones de las familias del río. Tenemos que encontrar el punto adecuado para no mojarnos. El viejo tejado de carrizo y el zarzo de caña lleva años sin renovarse y con la que está cayendo hoy hace más que aguas. La Quebrada tiene más goteras que un colador. Bajo la chimenea, el espacio que cubre la cabecera de los poyos es de los pocos lugares dentro de la casilla donde podemos estar a salvo de la lluvia. Hemos puesto lo que hemos encontrado para recoger el agua. El tejado necesita renovarse. Tenemos que recoger todo el material y nuestras pertenencias para que no se mojen. Truena con fuerza y el cielo está cerrado por los cuatro puntos cardinales. Pasa un martinete volando hacia el norte, al poco rato le sigue una garza real. Ellos no se mojan, llevan su impermeable natural.

Aprovechamos para hacer algo de limpieza dentro de la casilla y para hablar sobre el Parque.

A media mañana pasan las tormentas. La temperatura ha bajado, el ambiente está fresco. Decidimos abrir de nuevo las redes, puesto que aún estamos dentro de la franja horaria de apertura de las cinco horas.

Cae un carricero tordal. El primero de la campaña. En total capturamos doce pájaros, uno de ellos es un zarcero común. Del resto, la mayoría son ejemplares de carricero común. También anillamos un juvenil de tarabilla. Y mucha agua.

15 DE MAYO DE 2011. SAN ISIDRO. LA QUEBRADA

Una nueva jornada de anillamiento. Hoy luce el sol. En Villarrubia hace viento. Aquí en Las Tablas algo menos. Es crucial el viento. Sí sopla con fuerza, agitará las redes y entonces los pájaros las verán y no entrarán.

Nos estrenamos a las ocho con un avetorillo macho, un «garcillo», como lo llaman aquí. Es una garza en miniatura, de mirada despierta y hasta amenazante, con el iris de un naranja y amarillo igual que el pico. Viene a Las Tablas a criar y, dado que vuela raso entre los carrizales, pues ha venido a parar hasta la red tres con la poca luz de la mañana.

Los carriceros tordales no paran de cantar, junto a trigueros y algún que otro buitrón que deambula volando a media altura. Una garza real vuela hacia el sur, río abajo.

Son poco más de las nueve y el cielo comienza a encapotarse, se levanta viento del norte fresco. Baja la temperatura.

En altura se ven los vencejos remontándose. Esto ya lo he observado otras veces. Cuando baja la temperatura remontan tomando altura hasta casi perderse de vista. Un bando de porrón europeo vuela río arriba.

Está saliendo el sol, pero el viento continúa soplando, con lo que merman las capturas. Cae un carricero común de mayor tamaño, de esos que vuelan más hacia el norte, el ojo es de un color más oliváceo que marrón.

Julio se sienta con nosotros entre las dos puertas de la casilla, bajo el cuadro oxidado de una vieja bicicleta que cuelga en la pared y que solo conserva la llanta trasera. Nos dice que hay pocos pájaros y pocos cangrejos, que ya han soltado la primera puesta y ahora andan por la segunda. También nos cuenta que ve mucho calamón y muchos peces, sobre todo carpas, percasol, cachuelos, pero más grandes que los de siempre y el pez gato que se le mete en los garlitos y del que dice que le da mucho asco.

Nada que ver con la pesca autóctona, ya prácticamente desaparecida, desplazada por las especies introducidas o venidas de otras cuencas, una de las peores consecuencias de los trasvases.

Las gaviotas reidoras echan de la colonia a un par de aguiluchos laguneros que intentaban en vano ir a por el almuerzo. El cielo abre y el sol aprieta, como le corresponde a un día tormentoso. El viento continúa y se acerca la hora de cerrar las redes.

Solo doce pájaros: ocho ejemplares de carricero común, un ruiseñor común, dos ruiseñores bastardos, anillados anteriormente, y el garcillo como novedad.

22 DE MAYO DE 2011. ALGECIRAS

Voy a Algeciras con Lucas. José Manuel me dijo que iba a estar anillando hoy allí. Por el camino vemos numerosas garcillas bueyeras y abejarucos a la altura del Monte Sevillano.

La isla hace honor a su condición de ínsula, rodeada de agua prácticamente en todo su perímetro. Un grupo de doce flamencos nos da la bienvenida volando hacia el noreste. En las tablas próximas se ve bastante porrón europeo, fochas, zampullín chico. Un grupo de fumareles parece estar criando al otro lado del río Gigüela, que muestra su agua clara y transparente. Buitrón, carricero tordal y una curruca capirotada nos acompañan en el recorrido hasta una de las casas de labranza donde está la base de la estación. La isla está cubierta de vegetación, los olivos están recién cavados y en algunas zonas se están plantando encinas que prosperan con dificultad.

Las golondrinas vuelan hacia el observatorio de madera que desde la isla mira hacia el Gigüela, del que entran y salen a atender la prole de los nidos situados en su interior. Sobre el cauce del río vuelan garzas imperiales y una garceta grande.

Después de un rato por la isla, parece que nuestro anfitrión en el anillamiento ha cambiado de opinión y no le vemos aparecer por Algeciras, por lo que decidimos ir hacia La Quebrada, por si estuviese allí.

Pasamos por una de las casas de labranza rehabilitada por el Parque, la del Sevillano. En el tejado han colocado un gran número de nidales artificiales para cernícalo primilla, pero no veo que haya ninguno ocupado. Hace algún tiempo, en febrero de 2010, Felicia «Pochela», una vecina de Villarrubia de los Ojos, que debe andar por los ochenta años, me habló de cuando vivía en el Monte Sevillano. Me estuvo contando cómo la dueña de Zacatena y de La Duquesa lo dividió en dos partes, La Duquesa en otras dos, una de Rafael Jerez Ibáñez apodado El Marquesito y la otra parte de Magdalena Sanz Paz de Jaramillo que estaba casada con Salvador Navarro de profesión militar y su hermana María de las Nieves que estaba casada con Federico. Y de un tal Aniceto a su vez casado con otra hermana. En 1944 lo vendieron a la familia Sanroma.

Felicia tiene en propiedad el Cerro las Chocas y el Cerro Pochela, donde su familia estaba desde antes de la Guerra Civil.

A comienzos de la guerra su padre fue arrestado por los republicanos y un médico, llamado José Casimano, le dijo que se fuera a La Duquesa que allí iba a estar tranquilo.

Cerca del Cerro Pochela en el término de Villarrubia de los Ojos está La Lagunilla, una pequeña laguna salina, ya prácticamente desaparecida, que se utilizaba para baños con fines medicinales. Recuerdo haberme bañado allí entre fango y lodo, en una charca pequeña, allá por los años ochenta, que sería de los últimos años en los que tuvo agua. Había una pared que dividía La Lagunilla para diferenciar las zonas de baño de las mujeres y la de los hombres, y una casa que se utilizaba como hospedaje a los que iban de temporada.

Felicia me cuenta que la casa de La Lagunilla tenía seis habitaciones, donde se dormía en sacos de paja y donde las familias pasaban allí entre quince y veinte días. Había chozos de carrizo donde la gente se cambiaba con un bañador que parecían sacos de arpillera. Se cocinaba al aire libre en el campo y solía venir gente de los pueblos de alrededor.

Felicia pescaba en Algeciras para el consumo familiar, y hacían garlitos para el cangrejo que ponían en agujeros por donde pasaba el agua de la calzada que había para cruzar al otro lado del río en el Cerro de las Chocas.

Me cuenta cómo se bañaba en el Guadiana y cómo pasaba en barco desde el Cerro de los Pitos hasta el otro lado de Algeciras, llevando plantas de viñedo que sumergían en un pozo, para luego venderlas a Manuel Durán, un teniente coronel del ejército, que era el dueño de Griñón.

Recuerda cómo la zona fue ocupada por distintas vacadas, y también mulas, que pasaban a nado hasta Algeciras y a la Isla del Pan. Felicia recuerda también la casa de los generales (en la Isla de los Asnos) y a los últimos molineros de Molemocho: Gaspar y su hermano, que estaba en el Molino de Griñón.

La casa donde ella pasó su infancia y juventud está frente a Algeciras en un arenal con viñas viejas.

Bando de cigüeñuela común (Himantopus himantopus)

Continuamos hacia La Torre de Prado Ancho, vemos por el camino pollos de cogujada. En Molemocho, el grupo ya habitual de gansos familiarizado con todo lo humano.

En La Quebrada tampoco está José Manuel. Hoy me temo que nos quedaremos sin anillamiento.

Sigo hacia Puente Navarro para volver por Fuente el Fresno hasta Villarrubia. En Puente Navarro encontramos un erizo atropellado en la carretera. Desgraciadamente es habitual ver estos atropellos cerca del Guadiana, también en Zuacorta en la carretera de Daimiel a Villarrubia de los Ojos. El agua aquí sigue río abajo pero con mucha espuma.

El Gigüela salta la presa en el Quinto de la Torre, por aquí vemos garceta común, porrones con pollos y machos de pato colorao, una garcilla bueyera y dos martinetes.

Se oyen carriceros y buitrones. De camino vimos también una lavandera boyera, otro de los paseriformes que vienen a Las Tablas a criar. Aquí lo hace la subespecie ibérica.

Por el camino de Ciudad Real hacia Villarrubia, vimos otras dos lavanderas boyeras. No hubo anillamiento, pero el paseo bien mereció la pena.

SÁBADO 11 DE JUNIO DE 2011. LA QUEBRADA

Sol, despejado. Séptima jornada del Paser de la temporada, la quinta que hacemos nosotros. Tras varios días de tormentas y de bajada de la temperatura, el tiempo se ha estabilizado. Hoy está despejado, con algunas brumas, pero ya empieza a calentar el sol en las horas centrales del día.

La vegetación ha crecido considerablemente, las herbáceas que rodean La Quebrada nos llegan a la cintura en su mayoría, otras la sobrepasan, los senderos hacia las redes están prácticamente desaparecidos y el carrizo supera los dos metros. Las redes cuatro y seis están sobre el agua, y la enea ha crecido por las tablas centrales. Y en el Guadiana también ha crecido mucho por Molemocho, como he visto cuando venía hacia aquí. La superficie de agua libre visible es menor.

Cuando Las Tablas estaban en manos de los pescadores, estos, para mantener las trochas, los caminos por donde transitaban con los barcos y las tablas abiertas, manejaban la vegetación con fuego, provocando incendios controlados desde los propios barcos. Ello también favorecía que las semillas, como las de la masiega, saltaran al agua, donde servían para cebadero de patos.

Ahora, bajo la gestión de la administración, el manejo de la vegetación se hace a máquina. La materia orgánica no desaparece, sino que se almacena, el carbono no vuelve a la atmósfera y tampoco se ceban los patos. Pero por el contrario se hace más ruido. Paradojas.

La colonia de gaviota reidora y la de fumarel cariblanco siguen donde estaban frente a La Quebrada. Hay muchos caracoles entre la vegetación. Se oye mirlo, carricero tordal, gaviotas y codorniz.

De camino, en un rastrojo en la zona de Las Zorreras había más de un centenar de azulones.

Frente a la red tres vemos un somormujo lavanco. Y justo en el cauce del Guadiana asoma un calamón.

Julio vuelve en barco, está de visita. Para nuestra sorpresa le acompaña junto al director del Parque, Cosme Morillo, quien fuera director del ICONA (Instituto para la Conservación de la Naturaleza) y uno de los pioneros en la conservación de la naturaleza en España, entre otras muchas cosas. Años más tarde, Benigno Varillas me contaba cómo un joven Cosme, por entonces colaborador de Félix Rodríguez de la Fuente, se ponía delante de las máquinas que dragaban Las Tablas, aun a riesgo de su integridad.

Cosme nos dice que ve muy bien el Parque, que está tal y como lo recuerda en sus mejores tiempos.

Había escuchado tantas veces a Cosme a través del video que en el Centro de Visitantes del Parque poníamos a los mismos, que al oír su voz me pareció que le conocía desde siempre. *El Plan de Regeneración Hídrica de las Tablas de Daimiel* era su título.

Recuerdo su voz, como si fuera ayer, relatando la lista de actuaciones que se sucederían en el tiempo para salvaguardar Las Tablas tras las primeras desecaciones, la construcción de las presas de Puente Navarro y de Cañada Lobosa-Quinto de la Torre, para evitar la pérdida de agua, y la batería de pozos, para garantizar una superficie mínima de encharcamiento.

Julio nos reprocha que no seguemos la broza de la encinilla que plantamos junto a la casilla. La enea está ya echando su inflorescencia, su puro.

Alex R. dice que ha criado una colonia de fumarel común, río abajo de Las Cañas. Alejandro comenta que sería la primera vez que crían en Las Tablas, Alex R. añade que no sabe seguro si criaron el año pasado también. Hablamos de cómo los niveles de agua suben y bajan debido a la apertura y cierre de las compuertas de las presas, lo que puede estar afectando a los nidos, ya que las aves acuáticas que hacen sus nidos sobre el agua recrecen estos con vegetación o no en función del nivel del agua. Si este sube pueden aumentar la altura del nido añadiendo vegetación para evitar la inundación de este, pero si el nivel del agua baja, no pueden hacer decrecer el nido y por tanto lo dejan expuesto a los depredadores, al hacerse más visible.

La malvasía cabeciblanca ha criado muy bien y los pollos se pueden ver desde las pasarelas, lo que hace las delicias de los visitantes. Este ave estuvo a punto de desaparecer.

En los años ochenta se trajeron huevos desde Doñana para incubarlos y sacarlos adelante aquí en Las Tablas. Ese fue el origen de la llamada Laguna de Aclimatación, dentro del itinerario de visita al Parque, donde los pollos nacidos en incubadoras se adaptaban a la vida en libertad antes de volver a Doñana.

Ya son muchos los pollos que van cayendo en las redes, cinco martines pescadores, y todos en la misma red, la tres, la que está cerca del canal del río, probablemente son hermanos.

Juli «el Trompa» dice que los «juanillos», que así llaman por aquí al martín pescador, «juanillo pescador», han criado cerca de allí, de la Casa de Los Motores. El agua la veo clara en la orilla de la calzada contra la que golpea la corriente y en el embarcadero, sin lenteja de agua. Se ven gambusias y percasol de unos 10 centímetros, otro de esos intrusos que se van extendiendo por nuestros ríos y desplazando a la fauna autóctona.

Se oyen gangas. Un bando de avefrías vuela en V hacia el sur con su pausado aleteo. Las garzas van río arriba, río abajo. El carrizo y la enea han crecido bastante desde la última vez, las lluvias de estos días de atrás habrán ayudado a la vez que han contribuido a mejorar la calidad del agua.

La red uno se mantiene prácticamente igual, la dos y la tres con una mayor pantalla de vegetación, carrizo y enea. La cuatro la hemos movido algo hacia dentro para que no esté tan inundada y evitar que toque el agua, el carrizo la sobrepasa en altura casi en su totalidad. La cinco continúa en la línea de olmos y la seis, está bajo la altura del carrizo y en línea con este. Para registrar esta última hay que entrar con peto porque el agua te llega a la cintura.

El martín pescador es realmente llamativo en la mano, con esos tonos metálicos verdes y azulados, manteniendo una actitud muy curiosa, si lo tomas en la palma de la mano abierta permanecen inmóviles como haciéndose los muertos. En la mano mueven el cuello de izquierda a derecha como si estuviesen endiablados, todo lo de sí que les da el cuello. Su patas son minúsculas, tan solo aparentes por los dedos del pie, su tarso es tan corto que es necesario anillarlo en la tibia, y no sin cierta dificultad.

Se les suele ver posados en la rama de algún árbol sobre el agua desde donde se lanzan a la pesca de pececillos para, tras la zambullida, volver a su percha contra la que golpeará a su presa antes de tragársela, o más asiduamente, volando veloz sobre al agua, como si nos cruzara frente a la vista un tiralíneas de azul metálico centelleante, emitiendo su característico y agudo silbido.

Los juveniles, nacidos en el año, en el caso de las hembras tienen la base de la mandíbula anaranjada y las patas menos oscuras que los juveniles machos que poseen el pico totalmente negro y son menores en longitud de ala y peso que las hembras.

Alex R. ha traído cuatro pollos de golondrina común de la casa de los Obregones para anillarlos y devolverlos allí.

La jornada se acaba, toca recoger. 24 pájaros en total. De ellos descubrimos a uno de esos incansables viajeros transaharianos, un ruiseñor, que al repasar la base de datos volvería a ser controlado en junio de 2011 y en mayo de 2012. Una vez más veríamos como estos pajarillos no solo vuelven a Las Tablas, sino que vuelven a La Quebrada.

Malvasía cabeciblaca macho (Oxyura leucocephala)

Alex R. comenta que la semana pasada se hizo en el Parque un censo de escribano palustre, y no se localizó ningún ejemplar.

A la salida del camino hacia Puente Navarro con la carretera de Daimiel-Malagón hay un campo de maíz y en la zona de Las Zorreras el asiduo cultivo de cebollas y patatas en regadío, a pocos metros de un río y de unas Tablas sin equilibrio hídrico con su entorno.

Las cebadas de Casablanca y de La Raña ya se han cosechado, la paja está a la espera de ser empacada.

26 DE JUNIO DE 2011. ALGECIRAS

Sol, despejado. Calor. Como es domingo, José Manuel anilla en la Isla de Algeciras, así que, aprovechando el festivo y con el gusanillo en el cuerpo acrecentado por no haber anillado en La Quebrada el pasado jueves, me tiro para Algeciras a ver qué acontece.

El carrizo alcanza los tres metros, se alza por encima de las redes. Las redes tres y cuatro están sobre el agua, la cinco y la seis sobre barro. A la entrada de la isla, en la tabla que asoma al este, vemos una cincuentena de flamencos, cuatro de ellos juveniles. Las garcetas y martinetes andan en sus habituales transitos río arriba, río abajo. Un fumarel común, somormujos con su pollitos que se subirán a la espalda de sus padres si se ven en peligro, llegando a parecer un ser extraño con varias cabezas asomando entre el plumaje. Se oyen buitrones, carriceros y zampullines.

El agua en la orilla de la Tabla de Algeciras, cerca del observatorio de madera que hay en la isla, se ve bastante limpia, con muchos peces, fochas, coloraos y garceta grande.

En las redes estamos capturando pollos de mirlo, una hembra de carricero común con la placa incubatriz en regresión. Se acaba el periodo reproductor, la razón de su viaje desde el África Tropical hasta Las Tablas. Más de cinco mil kilómetros para un ave de entre nueve y diez gramos de peso. No está nada mal. Y tras lograr su cometido, a dar la vuelta. Antes tendrá que hacer una muda parcial que ya se aprecia en la nuca y en la parte superior de la cabeza. Tal vez nació aquí y lleva años volviendo. El año próximo quizás nos encontremos de nuevo por estos lares.

Cae una hembra de abejaruco con placa incubatriz. No muy lejos en algún talud de arena estará sacando a su prole junto a otros de su especie formando parte de la misma colonia.

Hay pocos colores que no se puedan ver en esta ave, puntiaguda en todos sus ángulos, desde el pico hasta la punta de las alas, y la pluma central de la cola. Musical en el vuelo e inconfundible por su canto frecuente a la caída de la tarde y al mediodía.

Fin de la jornada, veintiún aves anilladas: de mirlo común, seis pollos nacidos en este año; carricero común, cuatro, uno de ellos nacido en este año; otro adulto ya anillado; jilguero, otro pollo nacido aquí; otro más de tarabilla común; dos ruiseñores comunes, uno de ellos anillado; tres ruiseñores bastardo, los tres anillados anteriormente; un alcaudón común también nacido en este año, y el colorido abejaruco para cerrar la jornada.

2 DE JULIO DE 2011. LA QUEBRADA.

Soleado. Calor. De madrugada ha habido tormenta en Villarrubia. Por lo mojado parece que también aquí en Las Tablas. Alex R. dice que en Daimiel no ha caído ni una gota. Cosas de las tormentas, ya se sabe, donde cargan.

La colonia de gaviota reidora sigue a lo suyo frente a La Quebrada. Lucas se ha venido conmigo. Por el camino hemos visto perdices, conejos y tres críalos juveniles posados en los olmos del camino que da acceso a la Casa de los Motores.

La Casa de los Motores muestra el esplendor de otra época, cuando se vivía del campo y en el campo. Al otro lado del camino, una gran alberca redonda servía para regar. Otra similar se encuentra más al sur. Y otra en el interior del recinto de la casa. Todas ellas conectadas por una tubería subterránea paralela al camino.

La vegetación continúa creciendo con fuerza, la red dos se mantiene sobre el agua, la cuatro solo en el segundo palo, y la seis con los mástiles metidos en el agua.

En el embarcadero de Julio, el agua se ve clara, con ovas y gambusias, y alguna que otra rana. Son buenos indicadores del estado en el que se encuentran Las Tablas.

Treinta y cuatro pájaros en total hemos capturado y anillado, muchos de ellos nacidos en el año, con el plumaje juvenil de pollo. El martín pescador se lleva la palma, junto al carricero común, seis y siete individuos respectivamente.

La inmovilización que padece el martín pescador en la mano una vez es capturado permite analizarlo con total tranquilidad. El pájaro se queda totalmente inmóvil, solo algunos juveniles se rebelan contra el anillador.

Los carriceros ya empiezan a mostrar la placa incubatriz en regresión, con la piel del vientre reseca y con poca irrigación sanguínea, se acaba el periodo reproductor y empieza el momento de la migración, pronto se irán y hasta el año que viene. Un viaje más de ida y vuelta o el primero.

7 DE AGOSTO DE 2011

Me he perdido las dos últimas jornadas del Paser, los dos últimos fines de semana de julio. Alejandro dice que ha habido muchos pollos de carricero, parece que la cría ha sido buena. Las Tablas están en uno de esos periodos buenos acaecido por la climatología. ¿Cuánto durará? Estamos en periodo húmedo, pero volverá otro seco, y ya sabemos que estos duran más que los húmedos. Mientras en La Mancha sigamos sin gestionar los recursos disponibles, esta será la dinámica de este sensible humedal, ligado al Guadiana y a sus Ojos, ya tantos años secos.

Hoy voy al Parque en bici, he llegado hasta La Torre de Prado Ancho, el Guadiana mantiene agua en Molemocho. Hay al menos un centenar de fochas. Se ve masiega y enea cerca de la orilla. Desde Prado Ancho se aprecia el final del estío y lo que ha bajado el nivel del agua en los tablazos centrales. El Gigüela ya no corre a su paso por Villarrubia de los Ojos en la carretera de Daimiel, ni en el Puente el Conde. Ayer lo recorrí, río abajo hasta el canal de entrada de la Madre Chica que va seco. Vi muchos martinetes río abajo de Puente el Conde, la mayoría juveniles. Estaban pescando en el río, por esta zona con algo más de profundidad que río arriba. Al verme, dos de ellos tiraron la pieza que llevaban en el pico para liberarse del peso y «escapar» más fácilmente.

Cogí una de ellas, un pez gato de unos 10 centímetros de longitud. Uno de esos siluros que colonizan a sus anchas nuestros ríos. Negros azabache, brillantes con largos bigotes, adaptados a fondos fangosos, a aguas turbias. En el Guadiana antiguo, de aguas cristalinas, no habrían sobrevivido.

En total cuento una veintena de martinetes pescando en el río y posados en los tarayes de la ribera. En uno de ellos descubro un nido de pájaro moscón. Menuda estructura, toda hecha de semillas, pelusas de enea, fibras entrelazadas como una bola de algodón de azúcar, con una pequeña entrada en la parte superior.

También veo muchas garcillas bueyeras pescando. Entre ellas alguna garcilla cangrejera, una garza imperial y otro ejemplar de garza real. Ya tenemos constancia de que la garza real, no es solo invernante, también cría aquí.

Un grupo familiar de fumarel cariblanco aprovecha la concentración de peces en el río por los bajos niveles de agua. Entre ellos, un fumarel común, los «vencejos» de los pescadores. También veo dos zampullines chicos. En Las Tablas crían y pasan el invierno, donde se concentran en grandes grupos si las condiciones son buenas, el «zampulloncillo» que le llamaban antes los habitantes del río.

Frente a la depuradora de Villarrubia se junta un grupo de abejarucos, estos también se preparan para la marcha. En los taludes del lado derecho del camino de acceso a Las Tablas desde Villarrubia, desde la calle Soledad, tenían una colonia que criaba año tras año, hasta que se vio obligada a trasladarse, probablemente el uso continuado de pesticidas en las cunetas tubo algo que ver.

En Prado Ancho hay una decena de cigüeñas y un par de garzas imperiales. Están de festín, el nivel del agua es bajo y los grupos de peces se quedan atrapados en las zonas más profundas.

Desde La Torre se ve la vegetación dominada por el carrizo y la enea, apenas si veo masiega. Lo tiene difícil la que tuviera aquí el mayor masegar de Europa Occidental. El agua salina del Gigüela favorecía su presencia, pero ahora no es solo la calidad del agua, es su propia ausencia quien lo determina.

Combustible natural de las antiguas caleras por su alto poder calorífico, recuerdo cómo contaba Julio que echaba en la chimenea masiega hasta formar una brasa, ahí se echaban a asar unos cachuelos *y* «aquello era como era aquello». Ahora ya solo recuerdos.

Imagino la emoción al recordar los tiempos pasados, haber vivido el río, y haber vivido del río. Ahora todo está muy lejos de aquello. La escasez de comodidades en las casas de techos de carrizo, sin agua corriente, sin baños, sin duchas, todo eso que ahora tenemos en casa, se compensaría sin duda con creces con tanta naturaleza.

Continúo hasta Algeciras por el serpenteante camino del cortafuego. Encuentro allí a José Manuel, que está anillando. Me comenta que la captura de tantos juveniles de carricero común también se debe al paso postnupcial al que se suman los que han criado más al norte, se ve por la grasa acumulada, su combustible para el viaje, y por el tamaño del pájaro. Los que han criado aquí son más pequeños que los que llegan desde el norte.

Capturamos un carricero común que apenas vuela, lo dejamos cerca de la zona de captura, y dos ejemplares de carricerín común, que están en paso postnupcial. José Manuel comenta que a estos pájaros suele observarles unos tubérculos en las patas, no en todos los individuos que captura año tras año, que se ha de deber a alguna enfermedad. Más tarde, buscando en la bibliografía, descubro la causa, una escabiosis causada por un ácaro.

La tabla que hay en el margen derecho de la entrada a la Isla de Algeciras, donde hace unas semanas había flamencos, aparece ya seca. El agua en el embarcadero de la isla se ve sin corriente y de color oscuro, probablemente no aguantará el final del verano, salvo que a finales de agosto se empiece a mover el tiempo con alguna tormenta. A ver cómo pintan las cabañuelas, que dirían por el pueblo los agricultores mayores, aquellos que aún observan el cielo y saben interpretarlo.

16 DE OCTUBRE DE 2011. POR LAS POZAS

Voy en bici hasta las pozas de los Alpargateros. Esas graveras abandonadas, ahora naturalizadas en el margen derecho del Gigüela, entre este y el arroyo de la Cañada antes de formar la Madre Chica del río. El Cigüela mantiene el agua hasta Puente el Conde, no ha llegado a secarse en todo el verano. Hay gente pescando cangrejo, a pesar de la época del año, porque las temperaturas son altas. En el río veo dos garcetas grandes, dos ejemplares de garza real y una decena de garcetas comunes, lavandera boyera, pollas de agua, alcaudón.

Las grullas todavía no han llegado a su cita invernal, probablemente por el tiempo que tenemos. Por estas fechas ya deberían estar entrando.

No recuerdo un verano tan prolongado como este, las máximas rondan los 26-28º C, ha habido días de 30º C, y mínimas que oscilan entre 14-16º C.

Santi me dijo que este año ha criado en el Parque el cormorán común, en la Isla de los Gambeta, un islote pequeño en el Guadiana ocupado en su mayoría por mimbres de gran porte.

Nada que ver con el mimbre que los pescadores empezaron a traer de Cuenca para hacer garlitos, cestos y nasas, en sustitución del junco, menos resistente, cuando alguien decidió probarlo como materia prima por recomendación de algún cestero del entorno.

IV
2012. EL MANEJO DEL AGUA

Garza real (Ardea cinerea)

10 DE FEBRERO DE 2012. POR LA TORRE DE PRADO ANCHO

Tarde 16,30 horas. Sol despejado, 6º C, viento del norte. Itinerario de La Torre de Prado Ancho.

Las Tablas están llenas de agua. Hace unos días leía en prensa que la presa de Puente Navarro estaba aliviando agua. Desde el Molino de Griñón hasta Molemocho corre el Guadiana. Estamos de enhorabuena, una vez más gracias al cielo, al agua del cielo.

El embarcadero al comienzo del itinerario tiene el agua muy clara, el nivel llega hasta la parte alta del mismo. En la vegetación se ve que el nivel ha sido superior, unos 40 centímetros más alto. El carrizo tiene buen porte y se ven algunos corros de masiega a la altura del segundo y cuarto observatorio del itinerario de La Torre, desde donde se aprecian tablas grandes y abiertas de vegetación. Veo mosquiteros, buitrón, colirrojo real, un pechiazul comiendo en la orilla. En los márgenes se ve el hielo que se mantiene. Unos cuarenta gansos están cerca del embarcadero de La Torre, diez de ellos han llegado volando. Fochas, azulones, frisos y cerceta común sestean y se alimentan en el agua.

Mientras mantengo los prismáticos en el horizonte próximo, de entre la vegetación aparece un calamón, como salido de otro tiempo.

Cae la tarde y los pardillos y trigueros comienzan a entrar a dormidero en algún que otro taray. Las grullas llegan para hacer lo propio de estas horas, desde los campos más o menos cercanos en los que se alimentan durante el día, se echan cerca de Algeciras, en las orillas con bajo nivel de agua.

El sol va desapareciendo por el horizonte, y con él la temperatura cae. Empieza a arreciar el frío del invierno.

Salgo del Parque a las 19,30 horas, el termómetro marca -0.5º C. Esta será otra noche de heladas. Como debe ser.

7 DE ABRIL DE 2012. LA QUEBRADA

Voy a La Quebrada a anillar con José Manuel, pero aún no ha empezado el Paser. Llego a las 7,30 horas, hace fresco, 4,5-5º C, el cielo está parcialmente cubierto.

La vegetación aún no ha despertado de su letargo invernal. Golondrina común, jilgueros, gorrión moruno, curruca capirotada, ruiseñor, carricerín común, carricero común, el primer carricero tordal de la temporada y tres mosquiteros comunes forman parte del elenco de capturas del día.

En los mosquiteros se aprecia la acumulación de grasa que les prepara para el viaje prenupcial. Los mosquiteros hacen aquí una muda parcial antes de iniciar la migración.

Los frutales y los tarayes están brotando. Las redes cuatro y seis están bajo la altura del carrizo del año pasado, la red cinco está entre los olmos, que despuntan sus primeros retoños. La red cuatro tiene el mástil interior dentro del agua, aproximadamente a medio metro de profundidad. Las redes uno, dos y tres están más libres de vegetación. La red seis está totalmente en el agua, sobre 0,6-0,8 metros de esta.

Los perales están en flor. En el embarcadero de Julio, la enea tiene ya un metro de altura. Junto a las barcas tradicionales de madera y fondo plano, hay una pequeña barca a motor, con un artilugio montado para cortar la vegetación.

En el mismo lugar que el año pasado se asienta la colonia de gaviota reidora. Veo dos garzas imperiales.

En los árboles del extremo de la calzada y en la enea seca del año pasado se junta un buen grupo de golondrinas que supera el centenar.

Buitrón, alcaudón común, carbonero y herrerillo ocupan el ambiente sonoro. José Manuel me dice que hace poco, una mañana, le pareció oír un avetoro.

Conce me comentó también hace unos días que se ve frente a la Isla del Morenillo.

Una de las golondrinas que capturamos tenía el plumaje lleno de parásitos, unos pequeños insectos con el abdomen prominente.

15 DE ABRIL DE 2012. LA QUEBRADA

Primer día del Paser de este año. 7,30 horas, 3° C. Algo nuboso. Ayer estuvo lloviendo todo el día, hay mucha humedad en el ambiente.

De momento el viento no nos deja hacer bien el trabajo. No caen pájaros. Sobre las nueve de la mañana, sale el sol, subiendo la temperatura y aplacándose el viento. Esperamos que la jornada se anime.

La enea ronda el metro de altura, mientras el carrizo nuevo despunta sobre los 30 centímetros.

El grupo de golondrinas continúa agrupándose frente a La Quebrada entre la enea y las zarzas que hay al final de la calzada. En el agua se ven muchas fochas y gaviotas, que dentro de la colonia ya están incubando. Entre ellas aparece algún somormujo lavanco.

Nuestras esperanzas de un buen día de anillamiento se van desvaneciendo a medida que el día avanza y el cielo se va cubriendo de nubes. También arrecia el viento del oeste y suroeste. Las capturas van cayendo. Solo quince pájaros. Un ruiseñor capturado con anilla fue anillado aquí el año pasado y recapturado en dos ocasiones más durante el programa, lo que da una idea de la fidelidad por el sitio de nacimiento y cría, volviendo año tras año al mismo lugar, como si fueran guiados por uno de nuestros actuales GPS.

Una de las golondrinas que anillamos también tenía los mismos parásitos que la de la semana pasada.

1 DE MAYO DE 2012. LA QUEBRADA

Despejado, sol, 2,5° C a las siete de la mañana. Después de varios días y todo el fin de semana lloviendo, el tiempo aclara. Brumas y nieblas al amanecer, y luego sale el sol, para acabar con la humedad y el fresco de la mañana.

Colocamos las redes a las siete y media con las primeras luces del día. Los primeros en caer son un par de machos de papamoscas cerrojillo, uno de ellos tiene mayor tamaño que el otro: 82 milímetros de ala frente 79 milímetros. Sin embargo, el de menor tamaño tiene más peso y más grasa: 12,2 gramos frente a 10,8 gramos. Están de paso, vienen de África, y también han atravesado el Sáhara. Los machos suelen ir por delante de las hembras y alcanzan su mayor densidad de paso en mayo.

El carrizo ocre del año pasado envuelve las redes, el verde de este año aún no llega al medio metro de altura, pero lo hará con creces. Los membrillos están en flor con el agua casi llegándoles al tronco.

Entre los carriceros se diferencian los de mayor tamaño a simple vista, la longitud del ala oscila entre los 62 y los 69 milímetros. Estos continuarán viaje más al norte, hasta Europa Central.

Una pareja de laguneros vuela a gran altura. Están en sus vuelos acrobáticos como parte de su cortejo. Cerca de ellos vuelan un par de cigüeñas.

Crecen las nubes en el cielo y se levanta una ligera brisa del noroeste. Los olmos que rodean la red cinco ya están desarrollando las ramas nuevas.

La presa de Puente Navarro tiene los aliviaderos abiertos, soltando agua por arriba y por el fondo. La superficie inundada ronda las 1.400 hectáreas.

La primavera sigue retrasada, lo comenta Juli «el Trompa», quien dice que Julio tiene hoy visita, pero no va a entrar por aquí en barco, sino que lo va a hacer por otro lado. Le están esperando Joaquín y Escuderos. Julio es el referente del Parque, de Las Tablas. Un anfitrión de obligada visita.

Me contaba Juli «el Trompa» que desde siempre cuando alguien importante de fuera venía a visitar Las Tablas, siempre entraba en barco con los barqueros de mayor edad. Era como una regla no escrita establecida.

El día se va cubriendo de nubes, veinticuatro pájaros anillados.

19 DE MAYO DE 2012. LA QUEBRADA

Soleado, con nubes en la sierra. La temperatura ha bajado después de varios días por encima de los 30° C, viento del suroeste. Parece que vuelven las lluvias.

Hemos capturado un carricero común con la octava primaria de color totalmente blanco, una curiosidad que apuntamos en la hoja de anillamiento.

A media mañana el viento aumenta y las capturas disminuyen. Las redes se mueven mucho y se ven. La mayoría de las capturas son de carriceros y algún zarcero común. También nos cae un martín pescador.

Una garza imperial se echa cerca de la madre del río Guadiana, entre el carrizo.

Julio nos cuenta que hay muchos peces gato y de gran tamaño. Y que se comen las crías de cangrejo, lo sabe porque los ha abierto y lo ha visto. También nos dice que se ven muchos percasoles.

En la zona de Las Cañas sí que hay algo de ova, las caráceas, tan necesarias para que este ecosistema funcione, y para ello el agua tiene que ser de calidad. La entrada de agua contaminada de los pueblos limítrofes a través del río Gigüela acaba pronto con ellas y la pirámide ecológica se rompe fatalmente. Ya ha ocurrido otras veces. Un brote de contaminación y las praderas de carófitos desaparecerán. Y con ellas el sustento de invertebrados, peces y aves.

2 DE JUNIO DE 2012. LA QUEBRADA

Soleado con neblina, hace calor, el termómetro marca 26° C. La temperatura ha subido estos últimos días por encima de los 30° C. Hoy se anuncia una bajada. Es la cuarta jornada de la temporada del Paser.

La vegetación ha crecido de manera considerable desde la última semana, las redes están prácticamente cubiertas por el carrizo.

Se oyen gangas y oropéndola, que como cada año debe de estar criando en los pinos de la casa de los Pinilla o en los chopos de la orilla próxima. Una garza imperial se echa en el carrizo donde ya la he observado otros días, seguramente tiene ahí el nido, al otro lado de la madre del Guadiana.

Recuperamos un carricero común anillado en Bélgica, porta anilla del Museo Natural de Bruselas. Su tamaño está en el rango de los que migran más al norte, y aún tiene abundante grasa, seguramente seguirá volando hacia su país de origen tras pasar el invierno en África.

7 DE JUNIO DE 2012. LA QUEBRADA

Soleado y cielo despejado. A las 6,45 horas la temperatura es de 20° C. Se levanta brisa del norte. Hay poco movimiento, los pájaros están incubando. La vegetación está cada semana que avanza la primavera de camino al verano más exuberante, y ya cierra los pasos de las redes, el carrizo supera los tres metros de altura. La cosecha de membrillos promete ser abundante si no se malogra, y los granados tienen muchas flores. Esta será la fruta de otoño, que seguramente ya nadie recogerá.

En la red cuatro, a la izquierda del palo de dentro, muy cerca a este, hay un nido de carricero, tiene un solo huevo de color crema y pequeñas

Tarabilla común macho (Saxicola rubicola)

manchas más oscuras. En esa misma red hemos capturado un juvenil de carricero común, el primero de la temporada, tiene todavía el cuerpo con plumón y con la mitad de las plumas de la cola en crecimiento, y restos de marcas linguales, que son dos puntos negros en la base de la lengua de los carriceros, y que mantienen durante el primer año de vida; por tanto es un rasgo importante a tener en cuenta para determinar su edad.

Hay algunos carriceros más amarillos y blancos por la parte inferior y un marrón pardo más claro en la superior.

No hay en el nido restos de otros huevos que hayan eclosionado, está demasiado limpio, por lo que es probable que sea el primer huevo de la puesta, aunque por tiempo calendario deberíamos estar en segundas puestas.

Me voy a la obra de Alfredo Noval para consultar sobre los carriceros; «la puesta es de una media de cuatro huevos, que son de color gris verdoso, teñido de oliváceo oscuro y con manchas muy pronunciadas y mezcladas con infinidad de puntos marrones y otras manchas más pálido ceniciento».

El huevo que he observado en el nido lo veo muy claro para esta descripción, aunque sí con muchas manchas pardo oscuras y de forma ovalada.

Siguiendo a Alfredo Noval, veo que la puesta la inician los últimos días de mayo en el sur de Iberia, la mayoría lo hacen la primera semana de junio. Los pollos vuelan a los 13-14 días. Por lo que el pollo que hemos capturado hoy tiene al menos esos 13-14 días, porque vuela bien. Y por tanto provendría de una puesta del 25-26 de mayo.

Alfredo Noval publicó entre 1975 y 1977 la obra *El libro de la fauna ibérica* en fascículos. Alejandro me los enseñó hace algunos años, de cuando él los compraba y coleccionaba por entregas.

En una ocasión encontré unos tomos sobre aves en El Corte Inglés, sin nombre del autor, en uno de esos estantes donde aparecen obras de saldo, bajo el título *El maravilloso mundo de las aves*. Cuál fue mi sorpresa al ojearlos y descubrir los fascículos de Alfredo Noval. Estaban todos recopilados en seis tomos sin mayor reseña. Tardé poco en pasar por caja. A pesar de los años transcurridos, es una magnifica referencia para descubrir la biología de la gran mayoría de las aves de la Península Ibérica y para ver en el espacio temporal desde su publicación cómo han ido evolucionando sus poblaciones.

17 DE JUNIO DE 2012. LA QUEBRADA

Sexta jornada del Paser. Soleado, despejado, 18º C a las 7,00 horas. El sol despunta por el horizonte a las siete menos diez. Se oyen jilgueros y una oropéndola, pasa una espátula volando hacia Puente Navarro. Hasta hace poco no era común ver espátulas en Las Tablas.

Alex R. comenta que en el Parque hay censados diez nidos de cormorán, cinco de morito y uno de espátula. Tres especies nuevas de nidificantes.

Vuelvo a ver el nido de carricero cerca de la red cuatro. Está abandonado y el huevo sigue ahí. No tiene embrión. Se aprecian más manchas oscuras en el polo más ancho. Es un nido abandonado.

Capturamos un ruiseñor anillado y, al acudir a nuestra base de datos, veo que lo fue por primera vez el 12 de junio de 2008, se recuperó el 10 de mayo de 2009 y el 25 de abril de 2010. No se capturó en 2011, pero de nuevo este año ha vuelto a La Quebrada.

En la madre del río nada una pareja de somormujo lavanco, con sus pollos en la espalda de uno de los padres.

Dieciséis pájaros capturados, nacidos en el año cinco ejemplares de carricero común, de golondrina común dos, y uno de martín pescador.

24 DE JULIO DE 2012. LA QUEBRADA

Octava jornada del Paser. Soleado, despejado, 16º C de temperatura a las 6,30 horas. Desde ayer la temperatura ha subido considerablemente. Para la semana próxima se prevén temperaturas muy altas, por encima de los 38º C.

La vegetación está muy densa. Pocas capturas, tan solo nueve pájaros.

La superficie encharcada va disminuyendo, 1.137 hectáreas inundadas. Y el color es oscuro en las orillas. El agua no fluye, está almacenada en este gran embalse en el que se ha convertido a Las Tablas. Se almacena el agua, se almacena la materia orgánica y se almacena la energía, y así no funciona la ecología. Pero este es un espacio natural intervenido.

14 DE JULIO DE 2012. LA QUEBRADA

Soleado, despejado, 20º C a las 8,00 horas. El carrizo y la correhuela tienen un porte muy grande, y la zona de anillamiento está invadida por la vegetación. La mayoría de los pájaros que anillamos son pollos de carricero común.

Capturamos algunos juveniles muy bien emplumados, más amarillos en la zona ventral y dorsal y con un tamaño de ala mayor que oscila entre los 64-65 milímetros, y la tercera primaria entre 44-45 milímetros. Son pájaros que ya están viajando hacia el sur y que han criado más al norte.

Uno de los carriceros capturados está anillado, y lo fue aquí con edad 3; es decir, nació en la primavera en la que se anilló, en 2011, en La Quebrada y un año después vuelve a casa, tras haber hecho el viaje de ida y vuelta.

También capturamos dos ejemplares de martín pescador juveniles, nacidos en el año.

Comentamos la falta de mosquitos este año. El agua está marrón oscuro en las orillas. Se ven gambusias.

20 DE OCTUBRE DE 2012

Nublado, cubierto, lluvia en el oeste de la Península. 18,00 horas. Desde Villarrubia de los Ojos al Molino de Griñón.

Todavía queda agua en el Guadiana a la altura del Molino de Griñón y algo de corriente río abajo. Veo una garceta grande, garza real, un zampullín, un martín pescador.

Hay un tipo pescando. Hace unos días me dijo Agustín Carretero que allí vio mucho pez gato. Está ya en todo el Guadiana.

El silencio en el campo anuncia que el otoño ya está aquí. No veo ni oigo grullas, aún no han llegado, todavía hace calor a pesar de que ha llovido algo. Se echa de menos el campo.

2013. LOS CARRICEROS SIEMPRE VUELVEN

Carricero tordal (Acrocephalus arundinaceus)

28 DE MARZO DE 2013

Ayer me enseñó Conce una foto del día 21 de un carricerín cejudo. Llevamos un año bastante bueno de agua. En los medios se habla del marzo más lluvioso de los últimos años. El Parque está totalmente inundado, 1.839 hectáreas a fecha de 21 de marzo.

La semana pasada pasé por las pozas de los Alpargateros y están rebosando agua, la lámina de agua está a ras del suelo. El camino del Medianil está totalmente anegado.

Voy en bici hasta el Parque recreativo del Gigüela, frente a la depuradora de Villarrubia de los Ojos, para seguir río abajo hasta el Rosalejo. Desde la Dehesa Boyal hasta el Rosalejo veo bastantes mosquiteros, no tardarán en volar más hacia el norte, aunque algunos crían en el interior de la Península.

También veo carricero tordal a lo largo del camino. Un martinete. Cigüeñas en los nidos de la Dehesa Boyal.

Pasado Puente el Conde aparecen golondrinas volando raso a la caza de insectos, un alcaraván y una hembra de curruca capirotada, trigueros y un macho de aguilucho pálido, una de las rapaces más bonitas que podemos ver en vuelo bajo por los campos a la búsqueda de alguna presa.

Antes de llegar al Rosalejo, en el margen derecho del río, está todo inundado. Son las antiguas tablas del Gigüela, las Tablas de Villarrubia.

Previamente a las actuaciones de canalización de los ríos, antes de la sobreexplotación de los acuíferos, Las Tablas se extendían desde Villarrubia de los Ojos a Arenas de San Juan, a Villarta. En años de lluvias generosas, el Gigüela se desbordaba y anegaba sus márgenes, dando lugar a otras tablas de menor renombre, pero no por ello de menor relevancia.

Se forma una gran lámina de agua que ahora ocupan patos cuchara, ánades reales, y un par de tarros blancos. Cerca de Los Montecillos veo volando un par de andarríos.

Mañana seguirá lloviendo según las predicciones.

31 DE MARZO DE 2013

Está toda la tarde lloviendo. Subo a la sierra por la carretera de Urda. El agua corre por las cunetas y por todos los arroyos. Venir a la sierra a ver correr los arroyos cuando llueve, forma parte de la tradición popular, tal vez más arraigada desde que ver un arroyo con agua se convierte en un hecho excepcional, cuando debería ser habitual.

Buscamos el agua, nos gusta ver y sentir el agua. Como cualquier otro ser vivo.

1 DE ABRIL DE 2013

Es lunes de Pascua. Subo con los niños al santuario de la Virgen de la Sierra, donde se celebra romería. Por eso voy. No por la romería, sino por los niños. Siempre me pareció una mala idea el campo lleno de gente. Salvo que te integres en la fiesta y te olvides de dónde estás, del medio, del paisaje. Del resto de los sentidos ya se encargará la fiesta de anularlos.

A pesar del gentío y del ruido, en los árboles, jilgueros, gorriones, verderones, carboneros y herrerillos siguen a lo suyo, cantando desde su percha, vaticinando el tiempo que se acerca y atentos a la misión que tienen entre manos, o más bien entre las plumas. Por eso el ruido y la gente no les impiden continuar con sus reclamos sonoros. Lo demás, poco o nada importa.

El arroyo corre con bastante caudal, llegando hasta el otro lado de la carretera, lo que no es nada frecuente, por no decir escaso e incluso excepcional. ¿Cómo podemos decir que es excepcional que corra el agua de un arroyo? ¿Acaso no es esa su función? Estamos demasiado acostumbrados a ver los cauces secos, que ver cómo ejercen su verdadera misión nos resulta más que insólito.

Me retiro de la romería con rumbo a Las Tablas desde Fuente el Fresno, para entrar al Parque por su extremo sur, por Puente Navarro. Cerca de Fuente el Fresno el campo está anegado y las cunetas corren como si fueran cauces. Llegando a Zacatena, el arroyo del Cachón de la Leona está desbordado cruzando la carretera.

En este punto nos alcanza una tormenta que se aproxima desde Malagón por el oeste nublando el horizonte bajo una cortina de lluvia.

En Puente Navarro, el Guadiana toma posesión de todos sus dominios ocupando su cauce a lo ancho y a lo largo, pero con menor claridad que antaño. La corriente levanta algunas espumas blancas, la contaminación se manifiesta. La zona del Cachón de la Leona, en el límite sur del Parque Nacional, donde este acaba también, son ahora tablas.

Hay más de dos mil hectáreas inundadas. Lo que antaño era habitual, una vez más se ha hecho excepcional.

A su paso por el Molino de Molemocho, el Guadiana reivindica todos sus predios y ocupa el canal en el que la desecación de los años 70 le metió, acabando con su serpenteante divagar por la Llanura Manchega. Dentro del molino, ahora rehabilitado como centro de interpretación sobre su uso en la molienda del trigo, el agua puede verse a través de un suelo de cristal, recorriendo el

Cetia ruiseñor cantando en su percha (Cettia cetti)

camino que le llevaba a mover la piedra harinera. Con sus cinco ojos, por los que entraba el agua como fuerza motriz, hacía honor a su nombre, Molemocho, «muele mucho». Era uno de los molinos harineros más productivos del río.

En la zona de uso público el agua llega a ras del suelo de madera de las pasarelas, incluso en algunos tramos la sobrepasa y se han tenido que colocar unos tablones de suplemento para salvar el agua y facilitar el paso peatonal.

Se ven patos cuchara, coloraos, porrón común, fochas, garceta común. Los trigueros tintinean desde los tarayes, junto a jilgueros y el rascón que «grita» desde el interior del carrizal, ruiseñores, gansos, zampullines.

Desde el observatorio de la tabla de la Isla de los Tarayes, puedo ver cómo dos machos de somormujo se disputan una hembra. Uno de los machos parece tener ganada la partida y el otro intenta arrebatarle su pareja; tras varios intentos, desiste y se sumerge, desapareciendo. La pareja inicia así su ritual de cortejo.

Una gran carpa se asoma a la superficie, como si no quisiera perderse el espectáculo, uno de los bailes de cortejo más bonitos que nos ofrece la naturaleza del lugar.

Las Tablas eran la zona de cría más importante para esta especie. Entre 100 y 129 parejas criaron en Las Tablas en 1989, leo en la publicación que la editorial Lynx sacó en 1992 sobre las aves de Las Tablas de Daimiel.

En algunos tramos del recorrido la enea empieza a despuntar, vuelan algunos patos ya emparejados, porrones, cucharas.

Por la Isla del Maturro el buitrón y la buscarla ocupan el espacio musical con sus reclamos, a los que los anfibios sustituyen cuando la noche se acerca.

El embarcadero está prácticamente anegado. Desde ahí, ya caída la noche, se pueden oír los gansos, que se reúnen en sus dormideros cerca del Tablazo. Un autillo a lo lejos me va anunciando la hora de retirarse.

El Guadiana, cerca del Molino de Griñón, tiene su orilla junto al asfalto del camino que me lleva hasta Villarrubia de los Ojos. Mañana probablemente seguirá lloviendo. Ha sido el mes de marzo más lluvioso desde 1947.

20 DE ABRIL DE 2013. LA QUEBRADA

Un año más llega la esperada temporada del programa Paser y de nuevo las ganas de volver a La Quebrada, como los carriceros que aquí nacieron y que vuelven para reproducirse. El mercurio digital marca entre los 6-7° C a las siete de la mañana.

Desde La Quebrada se oye el agua saltando en la presa del Morenillo, azotando contra la piedra, reivindicando su camino natural. El agua está al mismo nivel que los restos de la calzada romana.

Todo es agua, como siempre lo fue, agua entre carrizos, eneas y masiegas.

Veintiséis pájaros en total anillados hoy: ruiseñor común, ruiseñor bastardo, papamoscas cerrojillo, colirrojo real, curruca zarcera, capirotada y curruca mosquitera, carricero común, mosquitero común y el protagonista de la jornada, un mosquitero musical. Está de paso prenupcial, como otros de los hoy capturados. Un gran migrador que puede llegar hasta Sudáfrica para pasar el invierno allí y al que le gusta viajar de noche. A este ya no le quedaban reservas de grasa, con tan solo ocho gramos y medio de peso.

En cambio, una de las currucas mosquiteras que hemos capturado tenía a tope la despensa. Con 22,5 gramos de peso la grasa se iba a un índice de seis, lo que le dará combustible más que suficiente para llegar a su destino.

Por debajo de la piel se puede ver la grasa acumulada, de un color amarillento o blancuzco, entre las clavículas y el abdomen. Según como sea de aparente esta, los anilladores le damos un valor de 0 a 8. La presencia de grasa no solo está relacionada con las reservas para el viaje, también guarda relación con los procesos de muda o de reproducción, por lo que hay que tener presente otros parámetros para determinar no solo el estado del pájaro sino en qué parte de su ciclo vital se encuentra.

En los carriceros de ala más larga, aquellos que vuelan más al norte, sí vemos una mayor acumulación de grasa, en este caso sí es combustible para viajar. Y esta circunstancia se observa particularmente en los pasos tanto prenupcial como postnupcial. Una vez establecidas las poblaciones de carriceros que crían en Las Tablas, las capturas se corresponden con aves de tamaños similares.

Este tamaño lo determinamos mediante la longitud del ala extendida y con la medición de la tercera primaria. Es decir la tercera pluma de entre las primarias del ala empezando a contar desde el exterior de la misma, o la octava si contamos de adentro hacia afuera, la denominada F8, que suele ser la pluma más larga del ala en los paseriformes.

Hemos tenido un buen día, muchos pájaros y mucha diversidad. Y el Parque lleno de agua. ¿Por cuánto tiempo más?

Ahora no hay Guadiana que aguante la caída del Gigüela por el estío, ahora solo hay agua del cielo, cuando cae. Y de los pozos, cuando es posible, y del trasvase Tajo-Segura, cuando se autoriza.

Pero poco o nada saben estos visitantes de Las Tablas de lo que en La Mancha acontece en torno al agua. Tampoco les importa, en años sucesivos volverán a tomar su ruta y volverán a pasar por aquí, para quedarse o para continuar viaje, sin saber muy bien por qué, o al menos eso es lo que nosotros pensamos, y eso no significa que poseamos la verdad sobre todo aquello que nos rodea. Si así fuese, otro gallo cantaría, como nuestro dicho popular manifiesta.

27 DE ABRIL DE 2013. LA QUEBRADA

Cubierto, 13° C de temperatura. 7,30 horas. Cuando llego al Parque, Alex y Alejandro ya han colocado las redes. La temperatura es alta, mayor que la semana pasada, a pesar de que el pronóstico del tiempo anunciaba un descenso durante el fin de semana y comienzos de la semana próxima, incluso nevadas en el norte. Pero bueno ya se sabe con esto de la predicción meteorológica, son pronósticos no aciertos, así que está aún por ver qué ocurrirá.

Ha estado lloviendo durante la noche en Villarrubia, y el día continúa cerrado y amenazando lluvia. Desplazamos un poco hacia el oeste la red número tres, ya que el mimbre que hay cerca la deja prácticamente sin luz.

Dando la vuelta de registro de las redes, cuando llegamos a la red seis, comienza a llover. Han caído un carricero común y un ruiseñor bastardo.

Me temo que por hoy ha terminado la jornada de anillamiento.

A las once de la mañana aclara un poco y volvemos a extender las redes. Un grupo de milanos pasa volando alto. Se oyen zampullines.

Capturamos un carricero de 14 gramos de peso, con un cinco de grasa y el plumaje ventral muy claro. Viajero del norte. En la red dos cae una abubilla, es un macho.

Tan solo once pájaros en total: seis de ellos son carriceros, todos adultos. Una hembra de pardillo común, tiene siete de grasa, almacenamiento que se transformará en la energía necesaria para afrontar su periodo reproductor. Y así seguirá el ciclo de la vida una vez más.

1 DE MAYO DE 2013. LA QUEBRADA

Nublado, 8° C de temperatura. Recuperamos las horas que perdimos en la anterior jornada a consecuencia de la lluvia. Desde La Quebrada se oye la corriente del agua rompiendo contra las orillas y la piedra de la antigua calzada.

Los carriceros tordal cantan desde las primeras luces del día. «rascachín» le llaman aquí en Las Tablas, «carranchín» en Villarrubia. Ambos nombres locales evocan a su canto, áspero, estridente, continuo desde el alba al anochecer. Un canto que oiremos de abril hasta septiembre, momento en que volverá hacia África, cruzando el Sáhara, hasta el año que viene, en el que volverá a inundar el carrizal con su carrasqueo.

Todas las redes están rodeadas de agua o sobre ella, como la cuatro, la seis y la dos.

El carrizo del año empieza a asomar sus primeros brotes verdes, pronto superará los dos metros, pero solo en las orillas y donde la cota del agua no supere los cincuenta centímetros. El carrizo se extiende allí donde hay poca agua, pues con mayor nivel de inundación no es capaz de sobrevivir.

En las zarzas que abundan al final de los restos de la calzada que parte de la casilla de pescadores se agrupa un gran número de golondrinas, no es la primera vez que se posan aquí. Se oyen abubillas, «cuquillos» para los del lugar. El sol asoma tímidamente entre las nubes.

El primer mosquitero que capturamos es de un amarillo brillante en la garganta y pecho, con el vientre blanco, las patas oscuras y los dedos anaranjados, de aspecto más pequeño que otros mosquiteros. Es un mosquitero musical. Tres serían los ejemplares que se anillarían este día.

En la jornada le acompañan tres ruiseñores, un ruiseñor bastardo, tres papamoscas cerrojillos, una curruca mosquitera, un carricero tordal y tres carriceros comunes, uno de ellos con mayor longitud de ala y más grasa que los otros dos, y que volará por tanto más al norte aún.

15 DE JUNIO DE 2013. LA QUEBRADA

Hace calor y el sol aprieta. Los membrillos y las peritas de San Juan no han cuajado, en cambio en los granados sí están cuajando las flores. El nivel del agua no ha variado mucho desde el día anterior y se ve limpia.

Se oyen gangas, garzas, oropéndola y carriceros. Pero no se ven muchas aves volando.

Me he perdido las cuatro últimas jornadas del Paser, no siempre es fácil cuadrar agendas. Pero bueno, aquí estoy de nuevo.

Julio nos cuenta que ha pescado un pez gato y un percasol; nos dice el asco que le dan estos peces, sobre todo el pez gato. Juli «el Trompa» dice que se comen todos los cangrejos. Ambos son dos especies invasoras y que causan un gran daño a las especies locales, a las autóctonas. Compiten con ellas y las desplazan, cuando no las depredan y acaban con los recursos propios del medio, alterando el equilibrio del ecosistema.

Nos dice Julio que no ve carpas, que mañana irá hasta la presa del Ojillo a ver si encuentra alguna para ponerla como cebo para el cangrejo, aunque dice que cangrejos tampoco hay en el Parque.

También nos cuenta que sí que está saliendo ova, las necesarias algas, las caráceas que debían tapizar el fondo de las tablas como una alfombra verde.

Las ovas tienen una gran capacidad para captar el carbonato cálcico, por eso cuando las coges tienen una textura como terrosa. Los cangrejos dan buena cuenta de ellas y el carbonato calcio que estas absorben lo utilizan para constituir su exoesqueleto. Para las anátidas este calcio les servirá para crear la cáscara de sus huevos.

La presencia de ovas bajo el agua es un indicador de la buena calidad de la misma, su presencia denota un buen estado del humedal. Además son esenciales para fijar con sus raíces los sedimentos de la superficie, favoreciendo que el agua se mantenga clara, liberando oxígeno y favoreciendo así el desarrollo de la vida.

El pato colorao, emblema del Parque, siente predilección por la denominada ova fina, la *Chara canescens*, hasta el punto que su presencia puede determinar que los coloraos se queden en Las Tablas o se manchen.

Cuando Las Tablas se secan, las ovas mueren, quedando una costra blanquecina en el suelo que cruje cuando la pisamos. Pero sus esporas permanecen en el sedimento por años, esperando otra oportunidad para volver a la vida. Y ahora parece que esa oportunidad se les estaba brindando.

Alex R. dice que por el tablazo y en las tablas del itinerario de La Torre de Prado Ancho se ve mucha ova y se puede observar el fruto de color anaranjado.

Aquí en La Quebrada, junto a la madre del Guadiana, Juli «el Trompa» nos dice que la profundidad del agua llega hasta los cuatro metros, esa profundidad a la que Julio contaba que se asomaba bajo la luz del carbunco para poder tirar su rijaca y sacar algún buen «picarro jetón», que es como llamaban los pescadores al barbo comiza. ¡Quién pudiera decir que ha comido un «picarro jetón» del Guadiana!

La jornada de anillamiento termina con once capturas, la mayoría juveniles del año. La sorpresa de la jornada la ha puesto un juvenil de carricerín real, un edad 3, nacido este año calendario. Una buena noticia para la lista de nidificantes en el Parque.

6 DE JULIO DE 2013. LA QUEBRADA

7,00 h, sol y despejado, con viento del este. Por el camino se me han cruzado varios conejos.

Esperamos un poco pero el viento no amaina y no ponemos las redes de momento. La vegetación ha crecido mucho, casi no deja ver la lámina de agua libre. La enea ya presenta su característico puro. Las garzas y garcetas vuelan río arriba, río abajo.

Alejandro R. comenta que en la garcera que hay cerca de la Isleta de los Gambeta están criando garcillas bueyeras, cangrejeras, garceta grande y espátulas, moritos y cormoranes.

Sobre el Guadiana siguen volando garcetas y martinetes, al poco tiempo un morito les sigue en el camino.

Julio llega con su primo Juli, como cada día, se van hacia el embarcadero y se adentran en las tablas en el barco.

Alejandro nos cuenta que en unas lagunas que se han creado a orillas del río Azuer por la extracción de gravas para las obras de la autovía ha contado 500 flamencos. Todo es agua y todo es gracias al agua. El periodo húmedo en que estamos propicia toda esta diversidad y abundancia.

Llega a la casilla Pedro, un amigo de Alejandro, quien nos cuenta cómo estuvo la semana pasada con Conce tras un águila imperial. Nos enseña fotos, posada en un árbol, tomadas cerca del Cerro de Entrambasaguas, al norte del Parque, en la zona de Villarrubia de los Ojos.

El águila imperial, como otras grandes rapaces, se están expandiendo por la zona y aumenta el número de parejas reproductoras. También nos enseña fotos de un águila culebrera.

La Quebrada también es lugar de encuentro, donde unos y otros se acercan a ver cómo va la jornada de anillamiento, a hacer fotos, o tan solo a conversar sobre pájaros.

Dejamos pasar el día, el viento no deja hacer y tendremos que aplazar la jornada para la próxima semana en previsión de que mañana seguirá soplando con cierta fuerza, lo suficiente para dejarnos la jornada en blanco. No queda más que conversar y enseñar fotos.

Garcillas bueyeras (Bubulcus ibis)

Alejandro nos muestra una con un primer plano de la cabeza de una nutria saliendo del agua. Nos cuenta que se la ha dado Pepe Jiménez, que ya no está destinado en el Parque, pero que trabaja en un proyecto de localización de nutrias, y tiene colocadas en Las Tablas varias cámaras de foto trampeo. Hoy continuará el calor, el termómetro marca 30.9° C a las 14,00 horas.

13 DE JULIO DE 2013. LA QUEBRADA

Hace sol, el cielo está despejado. El calor comienza a apretar, no hay brisa alguna. Hoy es la última jornada del Paser de este año.

Todas las calles que dan acceso a las redes están cubiertas de vegetación, haciendo difícil encontrar el sendero que nos conduce hasta ellas.

La mayor parte de los pájaros que capturamos son juveniles de carricero común nacidos aquí, diecinueve de un total de veintidós. Se les aprecia el pico y la lengua con manchas linguales muy amarillos. En los adultos la muda postnupcial es evidente en la cabeza y en la nuca.

Se ven cangrejos y ranas por las calles de las redes. También capturamos juveniles de ruiseñor bastardo; cettia ruiseñor, como se le llama a partir de la revisión de su nombre vulgar. La verdad que lo de bastardo no sonaba muy bien, incluso para un pájaro.

Y para confirmar la cría de carricerín real, otro juvenil nacido en Las Tablas, perfectamente emplumado, de color negro apagado en el píleo y amarillo pálido en el pecho.

Treinta y cinco pájaros, para cerrar la jornada y el programa por este año, un buen día de anillamiento sin duda. La cría ha sido buena y las condiciones parecen haber acompañado.

Como balance final 219 pájaros anillados durante el programa de este año, de los que 115 han sido carricero común. Y de estos, 50 han nacido este año.

Con estos datos y tras este pequeño recuento, mientras releo mi cuaderno de campo, no me resisto a buscar los datos de un año seco y calificado como muy malo para Las Tablas, como fue el 2009. Tras una primera vista del total de anillamientos, estos caen a una cifra muy inferior, 127 pájaros. De estos solo 33 fueron carriceros comunes, de los cuales solo uno de ellos se anilló como juvenil nacido en el año, en unas Tablas que en aquel momento contaban con tan solo diez hectáreas de superficie inundada, y donde la turba estaba comenzando a arder.

La situación se había revertido en poco tiempo, tan solo gracias a un cambio en el ciclo meteorológico, la entrada de un periodo húmedo, breve pero suficiente para recuperar el humedal y para propagar su extinta biodiversidad.

Con tan solo esta pequeña muestra de información, podemos percibir la importancia de este espacio cuando tiene y cuando no tiene agua.

¿Cómo sería esa biodiversidad presente en Las Tablas cuando el agua no formaba parte de un periodo húmedo, sino que el agua era permanente?

¿Cómo se desarrollaría la vida cuando Las Tablas y con ellas toda La Mancha Húmeda daban razón a su nombre?

¿Cuántos pájaros habríamos anillado cuando este espacio natural estaba en todo su esplendor?

¿Cuántos carriceros nacerían bajo estos mismos carrizos?

Nunca podremos cuantificar lo que perdimos. Solo podemos imaginar lo que fue. Y recordar la tan repetida frase de Julio Escuderos, bajo su cara iluminada por la añoranza y el orgullo de haberlo vivido: «Si es que vosotros no sabéis lo que era esto...».

26 DE OCTUBRE DE 2013. LAS TABLAS

19,00 horas. Parcialmente nublado. Estuvo lloviendo por la mañana. Las fochas y patos azulones sestean en el Guadiana.

Me voy hacia La Torre de Prado Ancho. Aunque se aprecia cómo ha bajado el nivel, el Parque se mantiene con agua en toda su superficie. Desde La Torre de Prado Ancho se ven grandes corros de enea.

Durante el recorrido veo carboneros, pájaro moscón, gorriones, pinzones, grajillas, aguilucho lagunero, garceta grande, zampullín chico, rascón y sapillos, que este año lo han conseguido y deambulan por el camino, probablemente en busca de pareja antes de que el agua desaparezca.

VI
2014. LA AUSENCIA

Aguilucho lagunero occidental hembra volando sobre el carrizal
(Circus aeruginosus)

5 DE ENERO DE 2014

Niebla espesa. 8,5-9° C. Recorro la orilla del Guadiana desde el Molino de Griñón hasta el de Molemocho.

El Guadiana ocupa sus dominios de orilla a orilla, y con una ligera corriente. Así se aprecia por el canal del río que discurre paralelo a la madre del mismo cerca del Molino de Griñón.

En este tramo del río abundan las anátidas, más cuantiosas aquí que en las propias Tablas.

La menor profundidad del agua es la causa, ya que Las Tablas en sus tablazos centrales y a lo largo de todo el cauce del Guadiana parecen un embalse, sin vegetación, que solo está presente en las orillas, y con mucha profundidad propiciada por el embalsamiento.

Veo azulones, fochas y pato cuchara sesteando en el agua o comiendo en las siembras de la orilla izquierda del Guadiana, donde los pívots están preparados para actuar.

Una garza real vuela junto a una hembra de aguilucho lagunero que planea sobre el río.

En lo alto, frente a la finca de los Obregones, junto a una vieja casa de labranza que guarda a una gran encina, se pueden ver más anátidas, patos y fochas en gran número.

La encina, que utilizan fringílidos y alguna que otra torcaz como dormidero, es un árbol increíble, de más de un metro largo de radio. Es un árbol centenario, sin duda, con una gran copa, corteza dura y gruesa que da testimonio del paso del tiempo, capaz de dar una sombra de 5 a 7 metros de diámetro desde su tronco.

¡Si pudiera contarnos todo lo que ha visto mirando hacia el Guadiana a lo largo de toda su existencia!

Continúo río abajo. Antes de llegar al puente de Molemocho veo un grupo de doscientos gansos posados sobre el agua y vocicleando, frente a la antigua majada de «Prosenesky».

«Prosenesky», llamábamos así a Eleuterio Felipe; alguien de la guardería, creo que Manuel Hidalgo, le puso ese apodo en clara alusión al jugador de futbol por entonces en el Real Madrid, el croata Robert Prosinečki.

«Prosenesky» era un pastor que tenía una majada en el margen derecho del Guadiana y que pastoreaba a sus ovejas en el entorno del Parque Nacional. No solo hacía un estupendo queso de oveja, sino que también destinaba gran parte de su tiempo a la observación meteorológica y a su predicción. Incluso presentaba sus resultados en los Congresos Nacionales de Cabañuelas y Astrometeorología. En el año 2009 lo organizó en Almagro.

En una ocasión en la década de los noventa, le ayudé a transcribir sus notas para uno de estos congresos.

Muy a menudo los pastores son auténticos expertos en el medio natural que les rodea, buenos observadores, con conocimientos adquiridos de los que heredaron o les enseñaron el oficio y año tras año, estación tras estación, cada día en contacto directo con la naturaleza.

En la orilla izquierda del río, un grupo de unas cien grullas están dando cuenta de la siembra sobre la que se posan. Para disgusto de su agricultor, la grulla levanta el brote de cebada para comerse el grano.

Un bando de fochas sale del agua y se posan en la misma orilla, una cigüeña está junto a ellas, dos cormoranes pasan volando por encima.

Llego hasta el alto de la carretera antes de iniciar la bajada que conduce hasta el Centro de Visitantes. Un grupo de treinta grullas vuela río arriba, otro grupo de seis les sigue.

El Guadiana se ve ancho y libre, con bandos de fochas nadando en sus aguas, desde el observatorio de la Laguna Permanente, junto con otras anátidas entre las que predominan los azulones, el ánade real, el «colvert» predilecto de los cazadores valencianos.

En los mimbres de la Isleta de los Gambeta, que alcanza un gran nivel de inundación, hay posados una veintena de cormoranes.

El cormorán grande, en su subespecie de interior, *Phalacrocorax carbo sinensis*, se cita como invernante por primera vez en invierno de 1988-1989, con avistamientos cada vez más frecuentes desde mediados de los años setenta.

Recuerdo cómo Julio contaba la primera vez que vieron este pájaro que no sabían lo que era. Y cómo decidieron cazarlo. Una y no más. Contaba lo negro que era y lo mucho que su carne sabía a pescado, por lo que no volvieron a repetir el experimento.

El aumento y expansión de sus poblaciones lo han convertido en nidificante e incluso en sedentario.

El invierno muestra su quietud y su sosiego. El día gris y plomizo lo acrecienta. La paradoja la encontramos, una vez más, en los pívots de los cultivos de cereal próximos al Parque, en las orillas del Guadiana, y en las majadas que usurpan el dominio público hidráulico pendiente de deslindar y que las aguas reclaman cuando no lo hacen las administraciones.

El Guadiana poco a poco va recuperando lo suyo, en el Molino de Zuacorta el río se recupera, los ojos comienzan a abrirse tímidamente y el

Pareja de Cigüeña blanca (Ciconia ciconia)

agua está a punto de traspasar el puente sobre la carretera de Daimiel, en su discurrir contra natura río arriba.

22 DE NOVIEMBRE DE 2014

Tras mucho tiempo de ausencia, motivado por las circunstancias que a todos nos sobrepasan en ocasiones, vuelvo a visitar el Parque.

El día está soleado, incluso puede decirse que hace calor. Llevamos un otoño muy cálido. El Parque está totalmente inundado, pero las aves escasean.

Durante estos días se está denunciando en prensa un vertido al río Azuer en el municipio de Manzanares, y que corre peligro de llegar a Las Tablas.

A pesar de negarlo en prensa las autoridades políticas, se chapucea haciendo un dique de tierra en la desembocadura del Azuer al Guadiana, a la altura del Molino de la Máquina. No tarda en denunciarse en la prensa su poca efectividad.

La calidad del agua en Las Tablas no es buena, y la ausencia de fauna da buena cuenta de ello.

Dentro ya del Parque me voy por el itinerario de La Torre de Prado Ancho. No veo ni una sola anátida. Una pareja de aguilucho lagunero, una garza real y un par de gaviotas sombrías es todo cuanto avisto. El Tablazo lleno de agua, tan querencioso para las fochas, no registra ni un solo avistamiento por mi parte.

A lo largo del recorrido entre los tarayes sí que veo al colirrojo tizón, mosquiteros y ruiseñor bastardo, a la tarabilla siempre desde su oteadero.

Vuelvo desde La Torre camino de la Isla del Pan. Por el itinerario, con mucha más gente haciendo la visita, no veo ni rastro de las ovas en la tabla de la Isla de la Entradilla, ni a lo largo del resto del itinerario.

Un bando de cinco grullas, me sobrevuela. Desde el observatorio de la Isla del Pan, donde es habitual verlas posadas en la dehesa de Casablanca, no diviso ni una.

Entre la vegetación dominada por los ocres del otoño, destaca el carrizo y la enea, con algunos corros de masiega entre ellos.

En la Isla del Pan, entre los tarayes, se ven mosquiteros y gorrión molinero.

A lo largo del recorrido he visto instaladas sobre el agua trampas para la captura de galápago de florida. En uno de los observatorios del itinerario de La Torre de Prado Ancho hay un cartel que la identifica como especie invasora, y sobre el que se pide la colaboración del visitante para evitar su propagación y ayudar a su localización para capturarlo y retirarlo de las aguas del Parque.

En el Molino de Molemocho el agua pasa por los cinco ojos que abren paso al Guadiana río abajo, como antaño lo hiciera, pero esta vez su fuerza no mueve piedra de molino alguno, ya no hay trigo que moler, ni siquiera hay cultivos de trigo en la zona, donde se ha dejado de producir desde hace ya bastante tiempo.

Junto a los tarayes secos que inunda el agua cerca del puente veo una garceta común y algún cormorán.

Alcaudón común (Lanius senator)

Las anátidas, los porrones, azulones, fochas, cucharas, están en las proximidades del Molino de Griñón. Allí la profundidad es menor.

En el césped del aparcamiento del Centro de Visitantes, una lavandera blanca agita inquieta su cola antes de salir volando para posarse unos metros más allá. Bajo el porche, José Porro, un artesano del barro de los pocos que quedan, y un fotógrafo de Daimiel muestran sus trabajos e intentan sacarse el jornal entre los visitantes de la mañana. Es lo poco que puede producir ya el Guadiana y Las Tablas: turistas.

Algunas gaviotas sombrías sobrevuelan el río.

29 DE NOVIEMBRE DE 2014

Vuelvo a Las Tablas acompañando a los alumnos de un curso de ecoturismo. El día está algo nublado a primera hora de la mañana, más tarde el día abre y se solea, incluso la temperatura es alta para esta época del año.

En cuanto a la fauna, la situación que muestra el Parque es la misma que la semana pasada, e igual en cuanto a las aves acuáticas.

Los paseriformes sí son los habituales para la época del año. Algún cormorán, un lagunero y una garza real posada entre el carrizo es cuanto vemos. No se ven ni rálidos.

El Centro de Visitantes necesita una remodelación y le falta mantenimiento, los acuarios están como abandonados, las fotografías decoloradas y el diorama con múltiples deterioros. La dinámica administrativa continúa, la falta de inversión lo manifiesta.

En 1998 se rehízo el Centro de Visitantes con motivo de 25 aniversario de la declaración del Parque Nacional.

Poe entonces el centro se limitaba a una sala de recepción con un mostrador, donde se atendía al visitante y se mostraban las distintas opciones de visita de las que disponía, además de la situación según la época del año en el que Las Tablas se encontraban.

Al lado se daba paso a una sala donde un televisor permitía la visualización del video del Parque titulado *La Regeneración Hídrica del Parque Nacional de las Tablas de Daimiel*, y un gran cuadro, dibujado al óleo, mostraba un mapa de todo el Parque Nacional y su entorno. Al fondo de la sala se disponía una gran chimenea que encendíamos los días más fríos del invierno.

Desde un patio abierto esta parte del edificio se comunicaba con la casa de los guardas. Esta tenía una sala principal con dos grandes ventanales que permitían ver la entrada al Parque desde la carretera de acceso al Centro de Visitantes, un par de despachos, una habitación para el descanso, y una cocina. Esta daba acceso a un pequeño despacho, donde se amontonaban en estanterías de madera al estilo más rustico libros de aves, ejemplares de la revista *Ecología*, editada por el antiguo ICONA, viejos informes sobre el Parque de los años 70 y principios de los ochenta, algunos cimbeles de madera y nidos recogidos de paseriformes, junto con alguna pluma de cigüeña o de lagunero.

La parte de atrás del edificio estaba destinada a dos oficinas que se reservaban a la Dirección del Parque, y donde estaban instaladas la estación automática de meteorología y la de control de los pozos que se realizaron durante el plan de regeneración hídrica en los años ochenta, y que yo nunca vi funcionar de manera automática en los años que pasé trabajando en el Parque en la década de los noventa.

Con la remodelación, la casa de los guardas desapareció y se convirtió en el Centro de Interpretación actual.

Desde entonces no se ha invertido nada en su actualización o mantenimiento, más allá de arreglos funcionales puntuales.

Vi en mi última visita al centro en enero pasado con cierta nostalgia cómo había desaparecido el gran acuario que montamos por entonces. Los pequeños ya habían sido retirados en aquel tiempo.

Participé en el proyecto de montaje de esos acuarios junto a Alejandro del Moral en el año 1998. Se montaron dos acuarios de mediano tamaño, uno destinado a los invertebrados que vivían en las aguas de Las Tablas, y otro a las plantas acuáticas, a las ovas.

Recuerdo cómo fuimos a las navas de Malagón a recolectar caráceas e invertebrados y ranúnculos al arroyo de Campomojado, ya que, aunque Las Tablas tenían agua por aquel entonces, no se encontraban todas las especies representativas de este humedal.

También entré en barco por la zona de Las Cañas con Julio para recoger ovas con destino al acuario. Entonces pude comprobar cómo estaba este hombre integrado con el medio, cómo manejaba el barco abierto a sus cinco sentidos o a su sexto sentido, el del cazador que acecha, que visualiza sin mirar, que sabe lo que verá sin verlo. El que adivina qué hay detrás de una pantalla de carrizo, el que sabe qué pez se mueve bajo el agua, el que conoce dónde encontrar una determinada planta. El que se integra con el medio para saberlo todo de él pero sin que este perciba siquiera su presencia. Tuve una sensación muy primigenia navegando por el Guadiana con Julio, atento a cuanto sucedía a su alrededor pero no bajo un estado de alerta o de incertidumbre como el que podemos tener el mero observador. Era como permeable al medio que le rodeaba y a todos los mensajes que de él recibía y por otro lado parecía manejar algo más que la vara del barco.

El acuario grande ocupaba toda una pared, y en él se pretendía reproducir una porción de Las Tablas, con su fondo de limos, con sus algas, con brotes de castañuela en la orilla, con sus peces. Recuerdo haber pescado algunos cachuelos en el puente de Molemocho para introducirlos en el acuario. Lástima que ya no esté en el Centro de Visitantes.

VII
2015. Y DE NUEVO, UN CAMBIO DE CICLO

Martín pescador (Alcedo atthis)

2 DE ENERO DE 2015

Voy con Lucas y los primos a Las Tablas. Hace una buena tarde, 11º C. A pesar de que hay un hielo considerable, el Gigüela por el Puente el Conde está totalmente helado, una gallineta hace acrobacias sobre el hielo, el río lleva poca agua y con las temperaturas que tenemos se ha congelado.

Vemos buitrón entre la vegetación, anátidas pocas por no decir ninguna. Un grupo de cormoranes posados en la Isleta de los Gambeta.

Llegamos hasta la Isla del Maturro, vemos verdecillo, buitrón, un martín pescador, una gaviota sombría. Sobre al agua no hay un bicho y parece que bajo ella tampoco. Nada de carófitos.

En el Guadiana, a la altura del Molino de Griñón, se ven más anátidas. Trigueros, paloma torcaz, estorninos, carboneros, petirrojos son habituales a lo largo del itinerario de la Isla del Pan entre los tarayes.

Lucas dice haber disfrutado de la tarde, comenta lo bien que se ha sentido en contacto con la naturaleza y que está dispuesto a repetir. Tiene 11 años.

Ese contacto es el que todos deberíamos fomentar y acrecentar, el medio en el que nos desarrollamos, lejos del asfalto y del alquitrán, de los ruidos y de los humos.

Se ven muchos rastros de jabalí. A medida que se va retirando el sol arrecia el frío y se siente la humedad, a la vez que van haciendo su aparición las grullas. Vuelan desde el este y van dirección noroeste. No veo dónde entran a dormidero, pero creo que lo tienen fuera del centro del Parque, cerca de la Isla de Algeciras. En El Tablazo hay demasiada agua para usarla como dormidero como en otros años.

Nos sobrevuelan varios bandos de más de un centenar, en total superan el millar. En vuelo un aguilucho pálido se cruza en su trayectoria.

El horizonte se tiñe de rojo anaranjado antes de llegar al rojo oscuro que se fundirá entre el azul cobalto del cielo y el gris plateado en el que se convierte el agua bajo la luz de las primeras estrellas.

La quietud de esta época del año a veces sobrecoge. Hay instantes en los que no se oye absolutamente nada, solo el frío.

24 DE ENERO DE 2015. LAS TABLAS

17,30 horas. Sol y frío, viento del norte, 12° C. Llevamos unos días de fuertes heladas y nieve en la mitad norte del país. La semana pasada hubo un amago de nieve, pero finalmente el temporal se fue hacia el norte y hacia el sur, y por el centro no cayó nada. Me temo que en este año será difícil ver la nieve por aquí.

El Guadiana corre por el canal del Molino de Griñón, con buen caudal pero muy turbia y con algo de espuma. Desde hace meses se está poniendo de manifiesto la mala calidad del agua en Las Tablas, fundamentalmente debido a la que entra a través del Azuer. En Manzanares se produjeron vertidos procedentes de bodegas.

El pasado viernes hubo Patronato. Se hizo hincapié una vez más sobre este asunto de la mala calidad del agua y la gran proliferación de carpas que ha podido contribuir a la falta de carófitos, ya que remueven el fondo y evitan su crecimiento.

El eterno problema, si no hay agua, y si hay. El equilibrio está roto no solo por la falta del recurso sino por las propiedades del mismo. Los ríos desaparecen, los acuíferos se sobreexplotan y se cargan de contaminantes. La degradación del ecosistema parece no tener reversión. Y sobre todo se embalsa, no dejando salir nada.

En la zona de Griñón se observan fochas y patos, principalmente veo azulones y patos cucharas. Algunos vuelan río abajo en grupos de machos y hembras.

En el margen izquierdo del Guadiana, sobre los cultivos de cebada, sestea un bando de 150 gansos. Ya es habitual verlos por esta zona junto con un grupo de cien grullas comiéndose los granos de la siembra que ya verdea.

Petirrojos y tarabillas se posan y revolotean entre las tobas del margen del río. En las ramas de un taray inundado se posan tres cormoranes y una abubilla.

En el aparcamiento del Centro de Visitantes hay treinta coches y tres caravanas.

Me adentro por el itinerario de La Torre, es el menos frecuentado por la gente, y por tanto el más tranquilo para visitar. En demasiadas ocasiones la presencia del ser humano es más que evidente, y por supuesto mucho más que lo deseable, razón más que suficiente para ir al campo en determinados lugares y fechas. Pero esto es un Parque Nacional y, aunque hay muchos días en los que es posible visitarlo en solitario, hoy no es uno de ellos.

A lo largo del recorrido veo mosquiteros, trigueros, buitrón, algún pato azulón volando, pero nada en el agua. Desde La Torre se ve un grupo de grullas, y oigo a jabalíes, de los que se ven muchos rastros.

Por el camino de La Torre, a apenas unos metros del itinerario peatonal, pasan constantemente coches y ruidosas motos. Para qué andar si es posible rodar sonoramente.

Los laguneros planean sobre el marjal a poca altura del suelo, a la búsqueda de alguna presa distraída.

Vuelvo hacia el Centro de Visitantes caída ya la tarde, las grullas se oyen a lo lejos.

Pero dónde están el resto de las aves de este humedal ahora lleno de agua, ¿dónde están los invernantes?

Las orillas muestran algas clorophiceas, claro ejemplo de la eutrofia del agua, la carga de materia orgánica acumulada año tras año y por la acción de las presas del Parque que retienen el valioso tesoro. El agua por sí sola no sustenta la cadena alimentaria, solo se almacena, solo se guarda, con el único propósito de manifestar su presencia, aunque esta no sirva para mantener la cadena trófica esencial para la vida en el ecosistema.

Las grullas comienzan a entrar a dormidero, llegan desde el sur, cuento alrededor de cuatro mil ejemplares que continúan vuelo hacia la parte alta del Parque, tienen el dormidero por El Rosalejo.

12 DE ABRIL DE 2015. LA QUEBRADA

Vuelvo a La Quebrada, toca el Paser. Brumas matinales, viento moderado del este-nordeste. A mediodía, soleado. Ha estado lloviendo estos días de atrás. El día amaneció nublado, pero fue abriendo poco a poco.

El agua abundante hace espumas blancas en las orillas agitada por el aire.

A pesar del viento, han caído pájaros en las redes. En total se han anillado veinte pájaros. Como excepción ha caído una hembra de esmerejón, un ave grande para estas redes. José Manuel comenta que hacía muchos años que no caía en las redes una rapaz aquí en La Quebrada.

Teniendo este pájaro en la mano llama la atención lo grandes que son los ojos, ocupan una buena parte de la cabeza, su diseño les permite tener una agudeza visual excepcional.

José Manuel nos habla de un programa de seguimiento de cigüeña blanca con radio transmisores que se inició en 2013, y de cómo solo una de las aves marcadas ha cruzado el estrecho para finalmente morir en África. Algunas se han quedado en Alcázar y otra estuvo en Las Tablas pero no volvió.

La vegetación aún no despunta los nuevos brotes. Se ven somormujos y laguneros y algunos patos y gaviotas volando.

Los membrillos junto a la casilla están en flor. Han plantado un huerto debajo de algunos de ellos.

José Manuel me cuenta que se oye avetoro en Algeciras y también aquí desde La Quebrada.

Entre los pájaros capturados hemos anillado dos ejemplares de mosquitero musical. Están en paso. Los granados están echando las primeras hojas, aún tienen en sus ramas los frutos del año pasado, abiertos, con solo la piel dura y reseca.

Tenemos la oportunidad de comparar en la mano un mosquitero musical junto a un mosquitero común. El musical es más amarillo fuerte en el pecho y en la cloaca. El hombro y el borde de ataque del ala también es amarillo, así como la lista superciliar, las patas son más claras que en el mosquitero común, al igual que la mandíbula inferior y la base de la mandíbula superior de color anaranjado. Es un migrador transahariano que puede llegar a Sudáfrica para pasar allí el invierno. Algunos ejemplares crían en el norte de la Península. Aquí solo les vemos pasar.

12 DE JULIO DE 2015. LA QUEBRADA

Soleado, 18-20º C. El calor continúa. Sin duda un buen año para los carriceros. Capturamos treinta pájaros y la mayoría corresponden a carricero común, edad 3, es decir juveniles nacidos en el año, catorce en total. Los adultos hembra capturados tienen la placa incubatriz ya en regresión, lo que nos indica que para ellos se acaba el periodo reproductor hasta el próximo año; están llegando al final de su cometido en La Mancha y no tardarán en volver a cruzar el Estrecho, el inmenso desierto del Sáhara, para pasar el invierno en África Tropical. Los adultos se marcharán antes y les seguirán los jóvenes. Algunos se sumarán al viaje con los que volaron hasta el centro de Europa para criar. En los adultos vemos, como cada año, una muda parcial en la nuca y cabeza.

Capturamos un juvenil de curruca cabecinegra. También un ejemplar de buscarla unicolor nacido en el año. La semana pasada atrapamos un adulto. Migrador transahariano, llega a la Península a finales de marzo y se marcha durante agosto y septiembre, incluso a principios de octubre. En los años setenta en La Mancha tenía su población más importante de Europa Occidental. En Las Tablas no es raro verla entre el carrizo y sobre todo oírla con su monótono y continuo canto, que le hace parecer más un insecto que un pájaro.

La correhuela, como planta invasora que es, trepa sobre el carrizo y llega a tumbarlo, creando una gran masa vegetal, ahora está en flor, su característica flor blanca en forma de campana donde algunos escarabajos se alimentan de su néctar.

En el entorno de la red dos trepa por las ramas del mimbre que hay junto a los membrillos y llega a alcanzar los tres metros de altura. Es capaz de colonizar todo el espacio y realmente asfixiar a las plantas de las que se sirve.

Se oyen abejarucos y oropéndolas, que como cada año crían en los arboles, junto a la Casa de Los Motores.

Sobre el río vuelan dos garzas imperiales y una espátula. La espátula era una especie ocasional en Las Tablas, ahora su situación ha cambiado y ha criado en el Parque. Es mucho más fácil verla por aquí.

18 DE JULIO DE 2015. LA QUEBRADA

Hoy es la última jornada del programa Paser, este año no ha dado para más. El día amaneció nublado, por la noche estuvo lloviendo un poco, una

Sapo corredor con su puesta de huevos (Bufo calamita)

tormenta que ha servido para refrescar el ambiente y librarnos momentáneamente del calor de estos días.

El número de juveniles de carricero que capturamos va decreciendo y por el contrario cada vez capturamos más adultos, en los que es más que manifiesta la muda postnupcial, que se anticipa a la migración.

Un martín pescador vuela raso sobre el agua desde las cañas que hay junto al embarcadero de Julio hasta uno de los álamos blancos de la orilla, junto a la caseta de las antiguas bombas de agua de la Casa de los Motores, y que utilizaban para captar agua del río.

En las tablas y en la madre del Guadiana, la enea predomina sobre todo, está muy alta, pasa de los dos metros de altura. En la copa de un taray se posa una garza imperial. Los cormoranes pasan en vuelo río arriba.

El ciclo vital sigue, continúa ajeno a políticas de aguas y episodios de contaminación. El Parque parece mantener un bienestar que está lejos de conseguir. La enea crece bien en aguas cargadas de materia orgánica, la absorbe y la transforma en biomasa rápidamente, creciendo y propagándose en igual proporción. Y frente a La Quebrada da buena muestra de ello.

El carrizo le da paso, demasiada agua para sobrevivir. De la masiega apenas si se ve algo

A lo largo de toda la campaña se anillaron un total de 204 carriceros comunes, de los que 90 nacieron en Las Tablas, en La Quebrada, y que volverán aquí el año próximo si sobreviven a su ciclo vital y al viaje kilométrico de ida y vuelta.

26 DE JULIO DE 2015. POR EL GIGÜELA

El calor no cesa, aunque de momento no alcanzamos los cuarenta y tantos de hace unas semanas. Las tardes son asfixiantes. No recuerdo un verano como este. Dicen que es el verano más caluroso desde hace cuarenta años.

Voy con la bici por el río hasta el puente Máximo, que ya está derruido. Oigo oropéndola y se ven golondrinas y una abubilla. Continúo río abajo, hasta llegar a las pozas de los Alpargateros, no veo anátidas ni ardeídas.

En Puente el Conde, donde empieza la zona de protección del Parque Nacional en su límite norte, un par de azulones vuelan río abajo por el cauce del Gigüela. Dos papamoscas grises entre los carrizos y tres juveniles de golondrina daúrica posados en una rama de un álamo negro.

Sorprende ver la vida que lleva el río con el estado en el que se ven sus escasas aguas, de color marrón oscuro casi negro y con tortas de paquetes bacterianos desprendiéndose del fondo.

Se oyen carriceros y por el cauce veo nadando a tres porrones europeos.

Siguiendo río abajo se conservan ejemplares muy grandes de álamo negro, testigos del bosque de ribera que debió de ser toda esta zona cuando el río mantenía agua y agua limpia, de lluvia, como le corresponde a un río estacionario como el Gigüela, que se solía secar o dejar de aportar agua al Guadiana en su unión en la zona de Las Cañas dentro de Las Tablas.

Ahora el río es una línea recta trazada por el canal al que se le sometió, fruto de los proyectos de desecación y canalización de estas llamadas zonas insalubres y que se quisieron ganar para la agricultura.

Bajo las ramas de uno de estos álamos de hojas anchas y acorazonadas el ambiente se refresca. No hay más que recostarse sobre la gruesa corteza de su ancho tronco y dejar que los sentidos te inunden con los sonidos y los olores, hasta con el tacto del aire.

Enfrente hay un nido de cigüeña, que es ocupado año tras año desde hace ya algunos.

En una rama de otro árbol próximo se agolpa un grupo abundante de abejarucos. Abubillas, golondrinas, avión común y oropéndolas les acompañan.

Las golondrinas y los aviones vuelan raso sobre el carrizo y sobre el cauce del río a la caza de insectos, zigzagueando en su perfecto dominio del medio.

19 DE SEPTIEMBRE DE 2015. LAS TABLAS

Soleado, 26º C a las 12,00 horas. Por el itinerario de la Isla del Pan la marca del agua en la vegetación y en los pilares de madera de las pasarelas deja constancia de lo que ha disminuido el nivel tras el verano. La altura del agua ha bajado entre 50 y 70 centímetros, lo que favorece la aparición de playas en las orillas de las tablas.

Veo un morito en vuelo, papamoscas, gaviota reidora y sombría. Alrededor de cincuenta cigüeñas cicleando en una térmica, garceta común y garceta grande. En la tabla de la Isla de la Entradilla, dos juveniles de flamenco se aprovisionan aprovechando los bajos niveles. Ánade real, fochas, chorlitejo chico, cigüeñuelas.

El agua permanece clara en la Isla de la Entradilla; ahí tiene aporte de los pozos de «emergencia». Por la Isla de los Tarayes, el agua está verdosa.

En La Entradilla se ven bastantes gambusias. La gambusia es un pez procedente de Estados Unidos, se introdujo en Las Tablas en la década de los años 30 del siglo pasado para combatir el paludismo. Se comen las larvas del mosquito que transmite la enfermedad.

Tras atravesar la Isla del Maturro, por las pasarelas se ve percasol de unos 15 centímetros. Por Molemocho, con el agua más turbia, asoman a la superficie carpas de mediano tamaño.

24 DE OCTUBRE DE 2015. LAS TABLAS

Día nublado, una neblina no deja ver con claridad el horizonte. La temperatura ronda los 19º C a las seis de la tarde.

La semana pasada estuve con Lucas haciendo el mismo recorrido, estaba lloviendo, vimos entrando a Las Tablas desde el sureste a ambos lados de La Torre de Prado Ancho un gran número de grullas; contamos alrededor de cuatro mil.

También vimos un grupo de treinta cigüeñas y cerceta común comiendo en parejas en las zonas más someras de las tablas centrales.

En el Guadiana, entre el Molino de Griñon y el de Molemocho, se ve un gran número de azulones y un grupo de más de veinte grajillas posadas en un taray en la cuesta del camino desde Molemocho al Centro de Visitantes.

El nivel del agua ha bajado de manera considerable, favoreciendo que se abran los playazos, que atraen a los limícolas. Veo tres archibebes.

Los gansos sestean en los cultivos próximos al Guadiana. Desde las pasarelas del itinerario de La Torre de Prado Ancho, en los charcos que quedan, se pueden ver carpas de buen tamaño intentando escapar hacia zonas de mayor profundidad.

Grupos de lavanderas blancas comen en las orillas. Son las pajaritas de las nieves, que anuncian la llegada del frío. Claro que eso era antes, cuando hacía frío, ahora no saben que pensar. También las veo más tarde deambulando por el aparcamiento del centro de visitantes, con su grácil baileteo y su mirada atenta y despierta. Suelen dormir en bandos entre los carrizales, donde se agrupan al caer la tarde. Les gusta estar cerca del agua y cerca de los sitios poblados. Cuando llegue la primavera volarán hacia el norte a sus zonas de cría. Un bisbita común les acompaña en su búsqueda de insectos sobre el fango de las orillas.

Junto al Centro de Visitantes continúan las obras de construcción de la tienda que se quiere habilitar para la venta de productos locales.

2 DE NOVIEMBRE DE 2015

Nublado. Las temperaturas son altas a partir de media tarde para las fechas en las que estamos. Hay un desfase grande entre las mínimas y las máximas. Hoy han caído 40 litros de lluvia.

«Mientras siga lloviendo así y no haga daño», oigo decir a un agricultor que conversa con otro en la esquina de la plaza.

En una tienda del pueblo me encuentro con la conversación de una vecina que relata cómo apareció hace unos días un búho real en el jardín de su casa próxima al colegio Rufino Blanco de Villarrubia de los Ojos. Se lo llevó el Seprona.

Galápago leproso (Mauremys leprosa)

31 DE ENERO DE 2016

Hace unos días vi avión común volando por la calle Charcazo. Nunca los he visto tan pronto.

El invierno sigue sin bajar de cero grados y sin llover, y las previsiones que se anuncian no son muy halagüeñas. El pasado viernes llovió un poco, para ganar una apuesta, como se suele decir, pero sin mayor transcendencia.

Con el día sumido en la niebla, por la tarde en Las Tablas esta se resistía a levantar y se pegaba al suelo.

Camino de Prado Ancho veo tarro blanco, pato cuchara, combatientes, cerceta común, lagunero, aguilucho pálido, garza real, gansos y grullas. Las grullas más bien se oían, ya que la niebla no dejaba ver mucho.

Tenemos esa manía, sí a los que nos gustan los pájaros, la manía o la sana costumbre de anotar lo que vemos y contar el número. Como si siguiéramos sumidos en el juego que de niños practicábamos con los cromos de futbolistas.

Claro que aquí no los podemos intercambiar, si lo ves lo ves, y si no lo ves siempre se puede disfrutar del relato o de la imagen captada por otro.

Bisbitas y lavanderas blancas ocupaban las orillas, los trigueros posados en los tarayes. Un bando de grajillas en vuelo entrando a dormidero desde el noreste sobrevolando el carrizo y emitiendo su particular graznido. Con su llegada las lavanderas blancas levantan el vuelo bajo su musical voz de alarma. Se han percatado del sobrevuelo de un lagunero sobre sus cabezas.

La niebla se extiende desde las encinas de Casablanca hacia el carrizal, donde el tímido sol ilumina débilmente el carrizo y la enea, tiñéndolos de dorado.

El agua no se ilumina, no brilla, tiene un color oscuro.

21 DE FEBRERO DE 2016. LAS TABLAS

El polvo africano en suspensión le daba al aire un aspecto sucio, impidiendo ver el sol. Durante tres días lo hemos padecido bajo temperaturas de 15-16º C de máximas, y entre 3-4º C de mínimas.

Llegando a Las Tablas por el camino de Villarrubia tan solo me crucé con un lagunero.

Ya en el Parque, con bastante gente para ser un sábado normal, con varias excursiones de «ecoturistas», vi gansos en vuelo y carboneros revoloteando por el ramaje de los tarayes que bordean los senderos de los itinerarios.

El agua turbia y oscura, algunas fochas y cerceta común. No veo ni rastro de la vegetación sumergida.

Huyendo de la gente recorrí el perímetro de la Isla del Pan bajo los tarayes que la circundan. El taray, adaptado a suelos salinos, suele marcar la línea entre la tierra firme y el agua. Se distribuye de manera natural por el borde de las islas delimitando la zona encharcada.

Durante los periodos secos, cuando el agua desaparece se extiende rápidamente y es capaz de colonizar grandes superficies, como ya hemos visto en el cauce del Guadiana en sus proximidades al Molino de Molemocho.

El bosquete de tarayes de la Isla del Pan es un buen lugar para perseguir paseriformes: gorriones, herrerillos, mosquiteros, carboneros, petirrojos, colirrojo tizón, que suelen ser habituales en estas fechas. Algunos sedentarios, otros invernantes.

Entre los calaminos que ocupan gran parte de la superficie de la isla también es posible ver alguna curruca, como la rabilarga, que tiene aquí su hábitat natural, además de tarabillas y buitrón, entre otros. Sin olvidar a los conejos y jabalís que suelen ocupar la isla, sobre todo si el agua la rodea. Veo cormoranes en vuelo, alguno apuntando al plumaje nupcial.

En la dehesa de Casablanca las grullas levantan el grano de la tierra como cada año; ya han debido acabar con la bellota, cuento alrededor de un millar. No tardarán el agruparse en bandos que volarán hacia el norte, llenando el cielo de sonidos y dibujando grandes uves con sus formaciones. En cuanto lleguen los días soleados y descubiertos y suba algo la temperatura, levantarán vuelo. Ya será entrado marzo y hasta el año que viene.

Un tuercecuello se pasea por el tronco de un taray.

En el horizonte, siguiendo la línea del río Guadiana, la Isla del Morenillo parece no percatarse del paso del tiempo. Un aguilucho lagunero la sobrevuela.

Lavanderas blancas, bisbita común, una hembra de colirrojo tizón, completan el elenco de pájaros, junto a algunos pinzones.

Un petirrojo se empeñó en posar para mi cámara a la distancia de un brazo, entre las ramas de un taray, así que aprovechando la circunstancia le estuve disparando sin piedad en varias poses. Parecía no tener miedo. Suelen ser bastantes confiados, pero este rayaba la temeridad, dado su descaro en ignorarme como ser humano.

Tras la sesión de fotografía desapareció entre la hojarasca. ¿Estrella frustrada? Tal vez.

La verdad es que los petirrojos parecen estar buscándote, en lugar de buscarlos tú a ellos. Aparecen entre la vegetación y es como sí te llamaran, y se quedan mirando como diciéndote: «Eh, ¿qué pasa?, ¿cómo va eso?, que ya estoy por aquí a pasar el invierno», para acto seguido agitar la cola y desaparecer hasta unos metros más allá, darse la vuelta sobre sí mismo y volver a empezar.

De vuelta a casa, por Los Montecillos volaba un aguilucho pálido y un bando de grajillas sobre las arboledas de La Rinconada. Por el Puente el Conde vi tres cigüeñas.

Llegando al pueblo, las primeras golondrinas me anunciaban que ya estaban de vuelta un año más, tal vez las arrastró el polvo africano de estos días. Y ahí estaban de retorno a los nidos de donde salieron el año pasado. Otra vuelta cíclica en el devenir anual del tiempo.

27 DE FEBRERO DE 2016. POR LA SIERRA

No nevó, a pesar de las previsiones y de las expectativas. Algo de nieve en las cimas de la montaña, estas que nos limitan al norte de la gran llanura manchega, pero pronto se desvaneció. Sí que hizo frío y sopló el viento del norte dando sensación de invierno, aun estando a las puertas de la primavera.

De Madrid para arriba es otra cosa, por ahí sí que ha nevado.

Ayer vi la primera primilla por el pueblo, un único ejemplar planeando casi inmóvil contra el viento aprovechando la fuerza de sustentación. Llegan fieles a su cita. Aquí en el pueblo los llaman alcotanes, pero solo son de la misma familia. A los primilla les gustan las iglesias y las casas viejas para poner sus huevos y sacar a su prole. Crían en colonias. Pero cada vez lo tienen más difícil. Una obra a destiempo, una reforma, puede dar al traste con la colonia y con la cría de ese año.

También suelen establecerse en viejas casas de labor, y son fieles cada año a estos emplazamientos.

Aquí en Villarrubia tienen su querencia en la parroquia de la Asunción y en los tejados de algunas viejas casas abandonadas del centro.

En una ocasión vi una pareja apostar el nido en una grieta de la pared este de la torre del reloj. Al año siguiente se llevaría un chasco al volver a casa y encontrar la grieta cerrada por las obras de rehabilitación de la torre.

Suele pasar, buscamos la estética sin ver la belleza que tenemos delante. Eso no significa que dejemos caer nuestros edificios y aún menos nuestro patrimonio, pero ambas actuaciones no solo son posibles, sino también necesarias.

Cuando llega febrero es fácil oírlos antes de levantar la vista hacia el cielo y comprobar que ya han llegado. Su canto en vuelo es como una llamada de aviso, de atención, es como si viéndote desde ahí arriba te estuviesen diciendo: «Eh, que ya estamos aquí, estate atento a que no nos estropeen nuestro tejado, que después del viajecito que hemos tenido», y al rato, tras algún planeo que los retorna al mismo punto en el cielo, vuelven a insistir en su llamada.

Me pregunto qué pensaran estos y otros pájaros cuando vuelven al lugar donde sacaron a sus pollos hace un año y no lo encuentran. Qué pensaran si cuando llegan al lugar que dejaron hace unos meses este ha desaparecido. ¿Sabrán dónde localizarlo aunque el nido haya desaparecido? Me temo que sí, que sí que lo saben.

Solemos tener asumido que los animales no piensan y que eso les da igual, ya se buscarán otro sitio.

Es como si, al volver de vacaciones, llegáramos a nuestra casa y esta no estuviese en su lugar. O la calle en la que vivíamos y que recordamos hubiese desaparecido. ¿Qué pensaríamos?

No, no nos creamos los más listos del lugar solo por ocupar un lugar privilegiado en la línea evolutiva del reino.

Por la tarde subí por la carreta de Urda a ver si quedaba algo de nieve. Pero ni un gramo.

No había nada de nieve, la que amaneció ya se había derretido.

A los pies de uno de los arroyos que cuando el cielo es generoso recogen sus aguas, en el mayor de los silencios, solo interrumpido por el viento, algún carbonero o algún mito surgirá de pronto, no hay más que dejar pasar el tiempo y dejarse llevar por los sentidos.

Vi varios grupos de buitre leonado y buitre negro, y un águila real. Las grandes rapaces están cada vez más presentes en nuestra sierra, se expanden y lo que hace años era ocasional ahora se convierte en prácticamente habitual, sin duda a consecuencia de las medidas de conservación. Muy atrás quedan ya las campañas de caza contra las «alimañas» que pondrían a muchas rapaces y carnívoros al filo de la extinción.

Bandos de zorzales acudían a dormidero. Para esta noche la previsión también anuncia nieve. De momento a las doce y media de la madrugada solo viento fuerte y frío.

Mañana al levantarse ya veremos.

28 DE MARZO DE 2016.

Ya son siete los primillas que vuelan por las cercanas calles a la antigua glorieta, ahora plaza. Por la mañana, bajo un cielo azul soleado surcan el aire a gran altura exhibiendo sus acrobacias.

En la Virgen de la Sierra, nuestro santuario, uno de los primeros asentamientos humanos de la zona, las golondrinas vuelven un año más a su patio rectangular conformado por galerías y soportales, en cuyas vigas de madera hacen sus nidos, creando una colonia de cría que alberga del orden de 25-30 parejas cada año, llenando el patio de júbilo aviar. Algo más al norte, y con la cota ligeramente por encima, comparten hábitat con la golondrina daúrica, volando sobre el mismo cielo a la caza de insectos a pie del arroyo que conduce hasta el nacimiento de agua que alimenta el santuario y que los vecinos y lugareños disfrutan por su finura y calidad como agua mineral.

2 DE ABRIL DE 2016. DEL PUEBLO Y DE LA VIRGEN DE LA SIERRA

La primavera sigue avanzando, veo parejas de avión común en la calle de los Molinos, a los primilla, que no cesan en sus vuelos acrobáticos sobre el centro. Ya hay una pareja instalada en la cara oeste de la torre del reloj, otra veo en la casa de los Díaz Hidalgo.

Petirrojo europeo (Erithacus rubecula)

Por la Virgen, en los alrededores del Nacimiento, se ven parejas de curruca cabecinegra persiguiéndose como flechas entre las zarzas del arroyo y los pinos que en su orilla se alzan. Al norte sobre la montaña planea un águila real. Un alcaudón común se posa en los alambres de espino que coronan una de las vallas próximas.

El escribano montesino se mimetiza entre la vegetación del arroyo. Jilgueros, pardillos, zorzales. En vuelo cruza el arroyo un azor. El cuco se oye a lo lejos. En el patio del santuario la colonia de golondrinas sigue creciendo.

Parece que la semana próxima bajarán las temperaturas, también se anuncia cambio de tiempo para finales de esta semana. Eso les puede retrasar la cría.

8 DE ABRIL DE 2016

Hoy he visto los primeros abejarucos de este año.

Por la tarde paseo desde el Molino de Griñón hasta el de Molemocho. Desde donde oigo a un ruiseñor y un autillo a lo lejos.

En el Parque pernoctan varias autocaravanas, suelen ser extranjeros los que utilizan este medio de transporte y de alojamiento.

Las golondrinas vuelan raso sobre el Guadiana, cerca les acompaña un bando de gansos. Me sobrevuela un grupo de milanos negros, deben estar en el paso prenupcial. Anochecido de vuelta, por La Rinconada, un bando de grajillas revolotea entre los árboles antes de fijar el dormidero.

12 DE ABRIL DE 2016

El tiempo sigue revuelto, llueve, sale el sol, vuelve a llover. Con viento fresco y calor en la casa.

Aumenta el número de vencejos que se ven por el pueblo, aunque aún no ha llegado el mayor contingente. Tienen una colonia importante en la iglesia, aprovechan el tejado y las grietas de la fachada y de la torre para anidar.

En junio ocupan el cielo, sobre todo a primera y última hora del día. Pasan la mayor parte de su vida volando, solo se posan durante la nidificación. Y vaya, cómo lo hacen, verles moverse entre los tejados, quebrando calles y esquinas, bajando y subiendo, rozando el suelo a gran velocidad y con rápidos aleteos. Maravillas de la evolución. Sus ojos hundidos en el cráneo se disponen de manera que, al abrir su gran mandíbula para capturar los pequeños insectos que flotan en el aire, no pierdan la visión del horizonte.

Es común ver a muchos de los primeros pollos sobre las aceras o en las calles. Han tomado tierra tras su primer vuelo y les es imposible remontar. Sus largas alas y cortas patas se lo impiden. Muchos perecen en estas circunstancias. Algunos consiguen trepar por las paredes de las casas gracias a sus afiladas uñas y cortos dedos. Otros esperan que alguien les recoja y les ayude con un empujoncito para volver a su medio, al aire. Aunque no todos

Reyezuelo listado (Regulus ignicapilla)

tendrán esa suerte y su ciclo terminará junto al asfalto de nuestras calles o contra el salpicadero de nuestros coches.

15 DE ABRIL DE 2016

Pablo el guarda me ha contado que encontraron un buitre leonado muerto en el campo, en un viñedo, posiblemente envenenado. También me habla de un pastor que se ha quejado de ataques de buitre al ganado, a dos ovejas y a una vaca que estaba de parto. Bueno lo del parto es más creíble, irían a por la placenta. También me cuenta Pablo que ha visto un meloncillo por el río.

Las Tablas mantienen agua, pero de mala calidad, de color oscuro, no hay nada de vegetación sumergida. En La Entradilla se ven carpas, algunas de gran tamaño.

El agua lo justifica todo, no importa cómo sea y de dónde venga. El Parque está fuertemente intervenido. Solo años consecutivos de lluvias por encima de la media le sacarán de la desidia en el que está sumido.

¿Pero qué queda de naturaleza salvaje?, ¿cuántos espacios naturales permanecen en su estado primigenio, sin alterar?

Nosotros estamos aquí. Para bien o para mal ocupamos la tierra y manejamos sus recursos a nuestro antojo. Pero ello no significa que manejemos el sistema. Tenemos una alta capacidad de intervención y de alteración, pero no somos capaces de manejar el sistema en su conjunto. La tierra y la vida en ella continúan evolucionando a una velocidad que nosotros no somos capaces de percibir, pero cuyas consecuencias sí que comenzamos a sufrir. Vamos en el mismo barco, en la misma arca de Noé, nuestro gran planeta azul, y evolucionamos todos juntos. Evolucionamos junto a la pérdida de especies, a la vez que desaparecen ecosistemas y aumenta la superficie ocupada por el hombre, a la vez que el clima cambia con sus efectos en distintas partes del globo.

Todo ello nos lleva hacia algún lugar, hacia alguna circunstancia que nosotros como individuos no viviremos, pero que sí vivirá la humanidad, o tal vez no. El futuro siempre es incierto, aunque podamos vaticinarlo no tendremos una evidencia clara de cómo será y de cómo nos afectará. La mano del hombre ya ha intervenido, lo ha hecho en menor o mayor medida desde que apareció como especie sobre la tierra. Revertir esos cambios ya no es posible, aunque si mitigarlos. Pero en definitiva será un proceso de adaptación, al que unos estarán mejor preparados que otros, como siempre ha sucedido.

Cuando en 1996 vimos correr el Guadiana, aquellos que no lo conocíamos nada más que a través de relatos y de imágenes pasadas, literalmente alucinamos viendo semejante cantidad de agua desbordando los cauces y Las Tablas, inundándolas en toda su extensión.

Recuerdo bajar por la carretera de acceso a Molemocho y tras la pequeña cuesta y la curva que te lleva hasta el molino, momento en el que el río se hace visible, descubrir un Guadiana hecho río. Se me pusieron los pelos de punta. Si me lo hubiesen contado no lo habría creído.

Años atrás había caminado sobre unas Tablas secas que se resquebrajaban a cada paso. Había llegado a sus islas desde el fondo de sus orillas.

En aquel año de 1996 Las Tablas revivían, tenían un nuevo despertar. Especies vegetales que ya no se recordaban se volvían a encontrar, peces como cachuelos y colmillejas regresaban nadando por sus aguas. Acabando con la monotonía de carpas y gambusias recluidas en unos pocos metros cuadrados.

Hasta hubo anguilas que remontaron río arriba el Guadiana hasta que no pudieron continuar su viaje, chocando contra la presa de Puente Navarro. Volvieron las aves. Las ovas rebrotaron del polvo de los limos en los que dormían sus esporas y empezaron a crecer y a oxigenar las aguas, la vida volvía, era así de simple. Y así de sencillo, ¡solo estaba lloviendo!

A lo largo de la historia hemos sufrido otros periodos secos. Pero los ojos, esos afluentes naturales del agua del subsuelo no se llegaban a secar del todo.

Desde mediados de los años 60 la amenaza no solo venía del clima, que no podemos controlar. La amenaza se percibía de la mano de la agricultura que sacaba y sacaba agua del subsuelo de manera descontrolada. Se planificaba bajo otro modelo de producción y se cambiaba el sistema tradicional de subsistencia por el de una agricultura que terminaría siendo industrializada.

Tras cuarenta años, no solo hay un daño ambiental en La Mancha. Hay una transformación social que podemos entender que ha sido positiva, porque se ha llegado a un mayor bienestar. El problema es que el modelo productivo se sigue manteniendo aun después de haber agotado el recurso del que depende: el agua.

Y es más que posible que el modelo ya no aguante mucho más. Entonces el problema será aún mayor, para todos los que aquí vivimos.

En el 2016 el segundo despertar de Las Tablas, tras el Plan de Regeneración Hídrica de los años 80, estaba llegando a su fin.

Con el agua de los años del periodo húmedo iniciado a principios de la década, en 2010, y tras haber vuelto a brotar agua de los Ojos del Guadiana, el volumen de agua almacenada en el Parque iba disminuyendo a media que lo iban haciendo los aportes. La alta carga orgánica que acumulaba en el vaso en el que se encuentra y la contaminación llegada a través de los ríos comenzaban a desequilibrar el sistema una vez más.

La finalización del periodo húmedo, a partir de entonces, iría haciendo el resto. Hasta que otro despertar llegase. Una vez más de la mano de la naturaleza en forma de lluvia. Porque nosotros los hombres continuamos dormidos en nuestra arrogancia.

Afortunadamente a algunos todavía nos quedan las aves para revivir aunque sea por instantes, la existencia en la naturaleza.

31 DE ABRIL DE 2016. EL NACIMIENTO

Camino hacia El Nacimiento, allí donde nace al agua. Oigo un cuco, la primavera tapiza el suelo con sus flores. Golondrina común, curruca cabecinegra.

Un arrendajo avisa de mi presencia. Una bisbita, un buitre a lo lejos planeando sobre El Alamillo.

Con las últimas lluvias el campo reverdece y revive. En definitiva, se expresa con aquello que tiene en su interior. En poco más de 30 centímetros cuadrados encuentro hasta siete especies de plantas distintas. A estas habrá que añadir los insectos a los que están asociadas y, a su vez, a los pájaros que los depredarán. La cadena se multiplica. La energía fluye de un organismo a otro en distintas formas.

8 DE MAYO DE 2016

Siguen las lluvias, hoy está muy nuboso. Está lloviendo desde hace dos días y según la previsión lo seguirá haciendo durante el resto de la semana. ¡Bravo!.

Ayer estuve dando un paseo por la carretera de Urda. Vi poca actividad. Estaba muy nublado: ruiseñor común, mirlo, curruca mosquitera, perdices. No se ven muchos pájaros, será por cómo está el día y porque deben estar en el apogeo de la cría.

Los arroyos corren, el campo rezuma agua haciéndose esponja bajo los pies, crecen ranúnculos blancos, tulipanes. Las peonias insultan al color rosa. Jaras, jaguarzos, lavandas, orquídeas alumbran la paleta de la primavera. Los verdes se hacen más verdes y se distinguen, el aire se agiliza, es solo agua, gracias al agua.

Hoy un águila imperial sobrevoló el pueblo a la altura de la calle del Santo.

Mañana seguirá lloviendo.

29 DE MAYO DE 2016. EL NACIMIENTO

Me estoy haciendo asiduo a este lugar. La tranquilidad que ofrece y las currucas que se pueden ver recorriendo el arroyo entre otros pájaros lo justifican.

Llegué a eso de las nueve y media, cuando comenzaba a llover débilmente. Poco después cesó y, aunque nublado y fresco, hacía un día de campo de esos que se disfrutan.

Tras estar un rato observando las currucas cabecinegras y hasta una mirlona entre las zarzas del arroyo, seguí camino hacia el sur para luego volver a subir hacia la sendilla que lleva hasta el pueblo.

Entre jaras, romeros, aulagas, algún pino y algún chaparro y acebuche, en la ladera oeste, pastaba un rebaño de oveja manchega. No tardó en aproximárseles una pareja de buitres, formada por uno leonado y otro negro. No es la primera vez que veo a este par juntos por aquí. Estuvieron acosando a las ovejas volando sobre ellas a poca altura entre tres y cinco metros del suelo, pero sin llegar a atacarlas. Posiblemente esperaban la oportunidad de alguna parturienta. Las ovejas ni se inmutaban, igual ni se enteraron de su presencia.

Cogujada común (Galerida cristata)

Tras un rato siguiendo al ganado, desaparecieron tomando altura. Debieron darse cuenta de que no había oportunidad alguna para ellos en esta ocasión.

Más cerca de las ovejas volaban las golondrinas, a la caza de los insectos que revoloteaban entre la lana de estas. Ellas han tenido más suerte y podrán seguir alimentando a la gran pole que forma la colonia del patio del santuario. Abejarucos, herrerillos, abubilla y oropéndola se oyen cerca.

En la parte baja del arroyo, frente al parador del santuario, suelen criar las oropéndolas y las abubillas todos los años.

4 DE JUNIO DE 2016. LA QUEBRADA

Ya ha pasado un año desde la última vez. De nuevo nos encontramos. Es la primera jornada de anillamiento de este año para mí, la quinta del programa. No he podido venir antes y me chafa.

Llego a La Quebrada alrededor de las siete de la mañana. La vieja casilla está remozada, para mi sorpresa la han arreglado, está toda encalada con techo nuevo y tirantas y dinteles renovados. Este año, si llueve, no nos mojaremos más dentro que fuera. Por dentro también está como nueva, con las paredes de piedra recién encaladas. El Parque la ha rehabilitado, aunque han dejado los zarzos de caña y carrizo muy juntos por la cara norte, quedando el tejado sin alero por esta pared.

Hace viento y no podemos extender las redes, toca esperar a ver si amaina.

En el embarcadero hay dos barcas iguales. La enea sobrepasa los dos metros. Hay mucha enea en ambos márgenes de la madre del Guadiana y hasta la orilla frente a Casablanca. Tras las encinas, los campos de viñedo y olivar relucen sus verdes. Los tarayes están en flor. Racimos blancos de pequeños glomérulos. Aún no han abierto. Los membrillos tienen el tamaño de una nuez y bajo ellos ha crecido una gran cantidad de paloduz, que está en flor, el regaliz que utilizaban nuestros padres. Cuando éramos niños lo usábamos como golosina. Ahora nuestros hijos no chuparían una raíz por nada del mundo, aunque a veces lo prueban. En alguna ocasión frente a algún establecimiento se ve a alguien que lo vende. Hace unos años hubo un tipo que solía poner un pequeño puesto en las inmediaciones del centro de información del Parque. Pero alguien se lo prohibió. Le pareció que era más importante cotizar a la Seguridad Social que divulgar el uso etnobotánico de una planta que crecía en un Parque Nacional.

Mi madre me contaba que, cuando era niña, metían un trozo de paloduz en un frasquito con agua del que chupaban con una pajita, y con eso ya tenían golosina para toda la tarde.

Los granados están en flor. Y junto a los membrillos hay plantadas unas cebollas, acelgas y tomates. Qué lujo un huerto en la vega del Guadiana. Y qué pena que ahora se vean tan pocos. Algunos lo llamarían agricultura de subsistencia, cuando en los años 60 y 70 las huertas florecían en las vegas del Gigüela y del Guadiana. Yo lo llamaría agrobiodiversidad cultural. Aquello desapareció y con ello las variedades locales cuyas semillas se guardaban de un año para otro, acompañadas de la sabiduría popular recogida durante siglos.

El viento no cesa y las redes no se abren. Paso el rato cerca de un nido de pájaro moscón que hay en un taray al lado de la olmeda donde colocamos la red cinco, al norte, junto al camino.

En el intervalo de algo más de media hora un macho de moscón ha acudido al nido en dos ocasiones. Creo que puede estar tejiendo más de un nido para luego ofrecérselo a las hembras. Sí no, no se entiende como tarda tanto en ir y volver. Llega con bastante material en el pico, plumas de carrizo, y lo va metiendo en la bolsa que conforma el nido con golpes secos del pico, como si fuese una aguja, ayudándose con las patas y moviéndose rápidamente de un lado a otro. El nido está acabado prácticamente, salvo por la base que se ve más irregular, de hecho es por esta zona por donde lo está trabajando.

En el mismo taray, cerca del nido, aparecen un par de pollos de moscón, pero no entran en el nido.

Se oye una oropéndola, un carricero tordal, un carricero común, que merodea cerca del nido en el mismo taray. El ruiseñor bastardo canta desde alguna rama. Sobre el río vuelan laguneros, una garza imperial y una garceta grande.

Se oyen sapos o alguna rana, no los distingo. Solo sé que son batracios.

Este año sí que hay más mosquitos y demás insectos entre la gran cantidad de herbáceas que rodean las lindes del Parque, antes de aparecer el carrizo.

Abejarucos y un par de carracas se posan en los cables de la luz del camino de acceso a la Casa de los Motores. Las carracas seguro que han criado en alguno de estos viejos olmos. El día está bochornoso y algo nublado, pero más tarde se despeja.

El fuerte viento nos obliga a aplazar la jornada, tal vez mañana tengamos más éxito.

18 DE JUNIO DE 2016. LA QUEBRADA

Son las siete y media cuando llego a Los Motores, el sol ya está fuera y el termómetro marca 15 grados, no está mal para empezar la mañana. Tras unos días de calor intenso, ha refrescado un poco, pero no será por mucho tiempo. De momento junio ya está mediado sin excesivo calor, lo cual se agradece.

Este año hay muchos más mosquitos que en años pasados. Entre los olmos de la red cinco te acribillan, aunque te embolses en camisa de manga larga y pantalón. Ya por estas fechas entran bastantes pollos de carricero en las redes, de carricero tordal y carricero común.

Y hoy nos ha agradado con sorpresa la captura de bigotudos, sin duda una buena noticia, volver a tenerlos en la mano y que hayan criado en el Parque. Seis pollos en total, juveniles del año, y dos adultos. Podrían ser de la misma familia.

Un par de machos de pájaro moscón y un juvenil, es posible que vengan del nido cercano a la red seis. Los juveniles de carricero común están totalmente emplumados, al igual que los de carricero tordal. Ya están listos para dar el salto al otro lado del continente.

El ruiseñor común y el ruiseñor bastardo también han criado, y la buscarla unicolor de la que hemos capturado tres ejemplares del año. En los 70 la población de esta especie en La Mancha Húmeda era la más importarte de toda Europa Occidental. Ahora ya no queda mucho de aquella Mancha Húmeda. Pero en Las Tablas se sigue manteniendo y es fácil observarla y sobre todo oírla con su característico canto que más parece un insecto que un pájaro.

Cerca de la red seis hay un nido de garza imperial, se le oye cuando nos acercamos, metido entre el carrizal, la hemos visto también volando.

En el agua, entre la enea y el carrizo, aparecen un par de somormujos, y sobre ellos un lagunero volando, Un grupo de cinco garcetas comunes sobrevuela río arriba.

El agua tiene el ya típico color oscuro. Este año no he visto los ranúnculos amarillos que suelen aparecer junto a la red dos y tres.

A media mañana, para no perder la costumbre, aparece Julio, pero no se acerca hasta La Quebrada. Juli «el Trompa» le acompaña como de costumbre. Anda con la ayuda de unas muletas, parece que ya le han operado de las rodillas, de las que tanto se quejaba.

La puertezuela pequeña que tiene la fachada principal de La Quebrada, flanqueada por dos muretes de piedra, daba acceso a un chozo grande de carrizo, que se utilizaba como habitación accesoria a la casa, ya que esta era pequeña para la familia de los Escuderos. Alejandro me dice que eso se lo contaba Julio de la época en la que su padre vivía allí.

Se puede apreciar cómo los muretes tienen forma de embudo, como si intentaran abrazar una estructura mayor. He intentado encontrar el chozo a través de la fototeca del Centro Nacional de Información Geográfica, pero no he tenido éxito.

6 DE AGOSTO DE 2016

La temperatura sigue alta, aunque ahora nos da un respiro por las mañanas y por la noche; en cambio las horas centrales del día siguen siendo calurosas, pero sin llegar al sofoco de semanas anteriores. Y es que los días son más cortos y menos las horas de luz, y eso, pues se va notando de manera irremediable.

Ya no veo vencejos por el pueblo, ya se han marchado. Las golondrinas también son menos aparentes, pero aún se pueden ver grupos familiares, junto a avión común, al igual que los primilla, que pronto también retornarán a sus cuarteles de invierno, allá por África meridional.

7 DE AGOSTO DE 2016

Pues parece que no se han ido todos los vencejos, esta mañana vi uno volando, claro que también puede ser de los que empiezan a bajar de más al norte.

Esta mañana estuve en la Virgen y allí aún quedan nidos de golondrina con pollos en el patio del santuario, en la colonia que vemos cada año, cuyo número de nidos hasta hace no mucho dependía de quién estuviese de vecino, y de cuánto le molestasen su excrementos y sus chinchorreos matinales. Lástima que algunos no sepan apreciar la belleza que se esconde detrás de lo que llaman ruido. A primeras horas de la mañana, y sobre todo antes y después de la cría, es común oírlas con sus gorgoritos, como si estuviesen hablando unas con otras, contándose cosas de cómo les ha ido o cómo van a organizar el día.

Me subo para El Nacimiento, y allí me quedo un rato bajo una de las encinas que bordea el camino. Al rato un zorrillo bastante escuálido pasa de camino sin percatarse de mi presencia y desaparece por una entrada entre las zarzas del arroyo. El paso entre la vegetación en esta zona es más que aparente, y está ahí desde siempre, bajo un madroño solitario que cada año nos brinda su fruto con mayor o menor generosidad, y al que los abejorros les encanta polinizar.

Las currucas saltan de una mata a otra, y ya se pueden ver pollos de carbonero común.

15 DE AGOSTO DE 2016

Sigue el calor, aunque las noches son más frescas, baja el termómetro de 25º C y se puede dormir; lo peor son las horas de la siesta hasta las siete o las ocho de la tarde.

Ya no veo vencejos, ni primillas, y las golondrinas empezarán pronto a irse. Se ven juntas de grupos familiares que se preparan para el viaje. Se va cerrando una etapa para comenzar otra, como cada año. No, no pasa el tiempo, nosotros transcurrimos por el espacio y el tiempo en ciclos de energía. Ese es el devenir de la vida, ciclos de energía por el espacio tiempo.

Al atardecer se ve salir a los murciélagos, por casa pasa un número considerable, luego el número va decreciendo conforme avanza la noche y se van dispersando por el cielo nocturno. Me viene a la memoria un viejo poster del antiguo ICONA, en pro de su protección: «Nuestro mejor insecticida», versaba, con el dibujo de un murciélago volando.

19 DE AGOSTO DE 2016

Hemos estado por la tarde en Ciudad Real. He visto golondrina común y daúrica, y un vencejo, que será de los últimos que van bajando de más al norte. Cerca de la Virgen de la Sierra, en la carretera, dos zorros estaban junto a un tercero que yacía muerto en la cuneta. ¿Sería su madre u otro miembro de la familia? Es posible.

La carretera es implacable con nuestra fauna. Sobre todo en la época de cría, cuando los jóvenes se independizan. Con los primeros vuelos, los igualones caen a decenas en nuestras carreteras, fruto de su inexperiencia y juventud. ¿Estará la naturaleza adaptativamente trabajando para subsanarlo?. Aún es pronto para saberlo. La evolución se toma su tiempo.

21 DE AGOSTO DE 2016

Desde Villarrubia continúo viendo golondrinas. Ayer oí abejarucos pasar en vuelo. Las noches son frescas, pero las tardes continúan siendo sofocantes.

5 DE SEPTIEMBRE DE 2016

Rondando los 40º C, como si estuviéramos a mediados de julio o de agosto. El verano se alarga por encima de lo esperado, aunque por la noche baja la temperatura, pero no mucho menos de 20º C.

Ya no veo golondrinas desde casa. Me pregunto si este intenso calor les desconcertará su instinto migrador, marchándose sin saber si ya es momento de ello.

La sierra se divisa entre una neblina y un cielo azul despejado y con una sequedad que hace amarillear los campos. La vendimia comenzó hace una semana, con las varietales y bajo una mala perspectiva de cosecha.

Por la mañana algunos tordos suenan a oropéndolas, aunque estas ya habrán partido hacia el sur.

Para mañana el termómetro amenaza con aun más calor, y parece que no nos dará tregua hasta el final de la semana. Este verano está resultando demasiado largo.

7 DE SEPTIEMBRE DE 2016

El calor nos castiga con fuerza. Hoy también rondando los 40º C, el termómetro de la terraza, que está a la sombra, nunca ha superado los 35º C desde que vivimos aquí, hace catorce años. Ayer marcó de máxima 36,7º C. Hace más calor que en pleno verano.

15 DE SEPTIEMBRE DE 2016

Hoy he estado dando una vuelta por la sierra, he visto cuatro buitres en vuelo alto y tres golondrinas. Por el pueblo ya no se les ve, o yo no las veo pasar, desde hace días. Una curruca mosquitera y un macho de cabecinegra. En vuelo por la cuerda, un águila real oteando.

23 DE SEPTIEMBRE DE 2016

Ayer en San Cristóbal vi varias golondrinas en vuelo y hoy una desde casa. Continúan bajando desde el norte.

Vencejo común en vuelo (Apus apus)

2 DE OCTUBRE DE 2016

La temperatura sigue alta para la época del año en la que nos encontramos, y sin atisbo de lluvia en el horizonte.

Hemos estado en Las Tablas toda la familia. La tabla del Descanso está completamente seca hasta llegar al Tablazo, al igual que el tramo de pasarela. Esto no se ve desde el 2009.

En la Isla de la Entradilla, con agua gracias al sondeo que la alimenta, se ven carpas y bancos de pez gato de pequeño tamaño, poca gambusia y algunos carpines. Me ha parecido ver un grupo de unos cachuelos, pero no estoy seguro de ello.

El agua está turbia y el fondo solo tiene limos y fango removido. La lámina de agua no sobrepasa los 20 centímetros de profundidad. El carrizo y la enea sí se mantienen por encima de los tres metros.

Desde la Isla del Pan se ve algo más de agua en los tablazos centrales, en el extremo más occidental. Hay muchos flamencos posados y comiendo. Alrededor de 70-100 ejemplares. Y también un gran número de cigüeñas, garza imperial, garceta común y garceta grande.

Por el Guadiana sobrevuelan cormoranes y garzas imperiales. Un grupo de cigüeñas llega volando desde el río para posarse junto a los flamencos, unos 20-30. También veo un grupo de gansos vocicleando en vuelo hacia el Gigüela río arriba, algunas gaviotas y ánade azulón junto a algún que otro friso. Se oye rascón y un ruiseñor bastardo.

Sobre la pasarela de la Isla del Maturro vuela una pareja de bigotudos. Ya en el Guadiana, en unos tarayes secos, los cormoranes entran a dormidero. Más de cien se van posando bajo un estrepitoso ruido. En el extremo de la pajarera se ven algunas garcetas y garzas imperiales. Están a ambos extremos de los tarayes, pero se ven más ejemplares en el de la cara norte.

Este tramo de pasarela desde el Maturro también está seco, solo queda algo de agua en la zona central. La masiega, enea y junco bohón se mantienen con sus inflorescencias.

Lejos por ahora del otoño, climatológicamente hablando, veo en vuelo un grupo de golondrinas que me llama la atención. Parecían acudir a dormidero.

Por el camino de vuelta vemos dos mochuelos y un pequeño incendio entre olivas, cerca ya de Griñón. Un retén del Parque lo sofocaba. No parecía tener más consecuencia que la meramente anecdótica.

12 DE NOVIEMBRE DE 2016

Hoy hemos ido a Las Tablas con los chicos de segundo y tercero de la ESO del colegio Santa Rosa para celebrar una actividad de Educación Ambiental dentro del programa que WWF desarrolla bajo el lema «Misión Posible», que con tanto entusiasmo como entrega lidera Alberto Fernández.

Educación Ambiental para los chicos y ausente educación para los padres y familiares invitados, ya que la actividad dirigida al regante de La Mancha se quedó sin participantes. Tal vez elegimos un mal día, aunque ya es sabido por los que participamos y organizamos este tipo de actividades, que aquí en esta parte de La Mancha cuesta mucho la participación ciudadana para algunas actividades digamos menos tradicionales.

Así pues, desarrollamos toda la jornada con los chicos, que hicieron cajas nido que a su vez colgaron en las encinas de la zona de recreo, realizaron una visita guiada al Parque y almorzaron bocadillos de jamón y queso regados con zumos, gentileza del patrocinador del programa.

Misión posible para una misión que desde los años 80 parece imposible. No ya controlar las extracciones de agua en el mayor viñedo del mundo, sino hacerlo de manera sostenible. No se trata de acabar con la agricultura, se trata de gestionar bien los recursos disponibles, y no de producir cuanto más mejor, sin importar la calidad, y sin tener en cuenta el impacto ambiental que se genera, manteniendo unos precios de valorización del producto ancestrales. Un impacto ambiental que va mucho más allá de las posibles reivindicaciones ecologistas. Porque el impacto no es solo ambiental, también es económico y social. Y más pronto que tarde, terminará pasando factura a la sociedad manchega, si no lo está haciendo ya, viviendo sobre un acuífero sobreexplotado, contaminado por una alta carga de nitratos procedente de esta agricultura intensiva, que llega a poner en riesgo la salud de quienes bebemos de él.

Ahora quizás más que nunca, cuando transcribo estas notas de mi cuaderno de campo, bajo las amenazas a las que nos enfrentamos en este 2020, hemos de aumentar nuestra concienciación sobre la importancia de la conexión que tienen los sistemas ecológicos, entre los que la agricultura, los denominados agrosistemas, se encuentra. Y hemos de tomar en consideración que cualquier actividad que realicemos en el medio natural, por bienintencionada que esta sea, tendrá repercusiones. Porque no es posible la interacción con el medio sin alteración del mismo. Es algo inevitable, si bien la intensidad de esta alteración si puede prevenirse y mitigarse. Y que esta nos afectará como especie, como ser vivo que somos, y como sociedad, como comunidad de la que formamos parte y que nace, vive y muere en el mismo medio que el resto de las especies animales y vegetales que nos rodean.

La mañana acompañó con una temperatura estupenda y soleada. En la zona de recreo vimos cicleando una treintena de cigüeñas blancas, un grupo de flamencos en El Tablazo, aprovechando la poca agua que alberga y que le llega desde la trocha del Embarcadero. El director del Parque nos habla de 700 hectáreas encharcadas. El agua se concentra en las tablas centrales, las orillas, los extremos del Parque permanecen secos, a pesar de que sigue entrando agua por el Guadiana.

De lejos se oían grullas. Vimos colirrojo tizón, jilgueros y gorriones entre los paseriformes.

19 DE NOVIEMBRE DE 2016

El sábado amaneció con una fuerte niebla, y la tarde fue agradable, haciendo honor al refranero.

20 DE NOVIEMBRE DE 2016. LAS TABLAS

Hoy ha estado lloviendo prácticamente todo el día, con mayor o menor intensidad. A mediodía cayó un buen chapetón. Y el pronóstico para la semana anuncia que así seguirá.

A eso de las cuatro y media de la tarde me recorría el itinerario de la torre de Prado Ancho. Los colirrojos tizón me iban abriendo el camino, como si de una avanzadilla se tratara, siempre en solitario, mirando con curiosidad, moviendo la cola y levantando el vuelo para posarse unos metros más allá, saltando del camino a los tarayes y de los tarayes al camino, eso sí al borde del camino, nada de ponerse en mitad, por lo que pueda acontecer.

Algún petirrojo, gorriones morunos, jilgueros, trigueros, pinzones, tarabillas. Oí a un ruiseñor bastardo y a un pájaro moscón. Alguno de esos que se quedan por aquí a pasar el invierno.

Un grupo de cuatro flamencos echa la siesta con la cabeza bajo el ala y con una sola pata como soporte. Sueños en equilibrios. Son adultos.

Al llegar a la torre de Prado Ancho, las grullas que no he dejado de oír a lo largo de todo el recorrido empiezan a entrar a dormidero. Llegan desde Casablanca volando hacia el norte por el extremo de este cardinal del Parque, y desde el oeste atravesando la finca de los Obregones. Se posan en las Tablas de El Redondo y El General, frente a la torre de observación, desde donde también se ve a una garceta grande posada en el extremo de un pequeño taray seco, además de algunos frisos nadando en la poca agua que tiene esta zona.

Cuento unas dos mil grullas conforme van entrando al dormidero. En los tablazos centrales con más agua, se posa un bando de unos treinta gansos bastante escandalosos.

Los laguneros sobrevuelan el carrizal de cerca. Y por los campos de los Obregones veo una hembra de pálido sobre el erial.

Abubillas en los tarayes de la orilla, con algún verderón, pero nada de limícolas en la orilla, sí que veo una lavandera blanca. Por el camino vi otras dos, las primeras pajaritas de las nieves que veo este año.

Las grullas jóvenes vuelan acompañadas de los adultos, por dos o tres adultos, ya en tierra algunas parecen enfrentarse a sus vecinas por el espacio que ocupan, pero pronto se apaciguan los ánimos. Cae la noche y los graznidos característicos de esta gran zancuda se van apagando con las últimas luces. La serenidad del humedal, entre carrizos y eneas, les da la seguridad que el momento requiere. Una serenidad que tal vez un zorro o un jabalí interrumpa, despertando al grupo y haciendo sonoro su trompeteo.

2 DE DICIEMBRE DE 2016. LAS TABLAS

Hemos organizado otra nueva jornada con el programa de WWF, así que de nuevo rumbo a nuestro Parque con un bus lleno de vecinos villarrubieros para participar en la repoblación de la antigua finca de los Obregones. Y de paso intentar sensibilizar al agricultor del entorno sobre la necesidad de cuidar nuestro mayor tesoro: el agua.

Alrededor de dos mil grullas pastan en las dehesas de Zacatena y Casablanca. Por las pasarelas el agua nos muestra su peor cara, de color blanquecino en las orillas y sin vegetación sumergida. Algún ranúnculo amarillo aislado, enea abundante y masiega tan solo testimonial, sobre todo a lo largo del segundo tramo del recorrido por las pasarelas de madera del itinerario de la Isla del Pan; aunque proceden de repoblación, dejan testimonio de su presencia en el Parque, si bien solo sea como recurso interpretativo de lo que este humedal puede dar y dio.

Durante el mes de noviembre se han registrado 108 litros de lluvia en la estación meteorológica del propio Parque.

A media mañana un grupo grande de cigüeñas cicleaba sobre la Isla del Pan. Mosquiteros y bigotudos nos acompañan por las pasarelas, moviéndose entre el carrizo y la enea; tarabillas, buitrón, gorriones, carbonero, petirrojos.

Gaviotas también sobrevuelan el Guadiana, en cuya orilla se posan más cigüeñas y una garceta grande junto a un grupo de cormoranes.

Veo unos huevos eclosionados al lado de un pequeño agujero en el suelo de la Isla de la Entradilla. ¿Podría ser el nido de alguno de nuestros galápagos?

Por las pasarelas no se ve ni un solo pez, ni siquiera las omnipresentes gambusias.

Un grupo de cerceta común se alimenta sobre el agua a la salida del itinerario de las pasarelas.

Una lavandera blanca andorrea por la orilla, anunciando la llegada del frío, si es que llega, porque con esto del cambio climático ya no se sabe muy bien qué tiempo es el que toca según el calendario.

Frente a las pasarelas de este último tramo, al otro lado de la Isla de la Entradilla, un calamón asoma entre la vegetación, atento al paso ralo de una hembra de lagunero sobre el carrizo.

La gente ha disfrutado, muchos de ellos, a pesar de la vecindad, han quedado sorprendidos con su pequeño Parque Nacional, y eso que ahora no está en uno de sus mejores momentos.

Cuán necesaria es la práctica de la Educación Ambiental para la sensibilización y conservación de nuestro medio natural, y a cualquier edad, no pensemos que esto de la Educación Ambiental es solo cosa de niños.

26 DE DICIEMBRE DE 2016

Hoy sí ha caído una buena helada, de las que debían de ser habituales para esta época del año, en lugar de excepcionales. Tras varios días de intensas nieblas, esta mañana los tejados amanecían completamente blancos

Bando de grulla común (Grus grus)

Me he tirado para la sierra. Llegando al kilómetro 3 ya lucía un buen sol de invierno, del que en el pueblo se carecía gracias a la niebla. El termómetro me anuncia menos dos grados. El paisaje blanco pronto comienza a sucumbir, llegándose al suelo gota a gota, que más de uno sabrá aprovechar. Las gotas golpean las hojas envolviendo el silencio con un chisporroteo, que no llega al de la lluvia, pero se le acerca. Así parece que llueve bajo el sol del invierno.

Todo está quieto, se oye algún mirlo, algunas currucas. Los mitos, petirrojos, carboneros, pardillos y escribanos montesinos trasiegan por las ramas de chaparros, jaras y coscojas.

Un corzo anda sigiloso a su sombra. Un arrendajo salta al vuelo avisando de que hay gente por ahí, por su casa, para que el resto de la parroquia se dé por enterada y esté atenta, no sea que este de prismáticos en mano no sea de fiar.

El arroyo de Valdelamuela corre, aunque poco. Lo suficiente para agradecerlo y lo necesario para reivindicar su presencia, para decirnos a los que venimos de fuera que aún sigue ahí y que cuando se le alimenta ruge. Hoy no mucho, pero tal vez mañana aprieten más las lluvias. Así que él se asienta en su dominio, por si acaso la ocasión se presta.

El agua es clara, con algunas algas filamentosas.

Pocas setas me encuentro por el camino, el hielo ha dado buena cuenta de ellas, y habrán de esperar el próximo año, a ver qué pasa. El suelo húmedo propicia al musgo y a los líquenes. A esos que pendiendo de las ramas y troncos de chaparros y jaras llamamos barbas de viejo, por su apagado color grisáceo.

Pasa un convoy de cazadores por la carretera. A estos también les hará buen día para ejercer su faena.

Aquí en el pueblo la niebla no levanta, y ya no lo hará por la hora que marca el reloj. El mercurio se queda por debajo de cinco, así que tocará calentarse al lado de la estufa o de lo que se disponga. A los que aquí quedan les bastará con su cuero y su pluma, y si mañana amanece blanco, habrá que seguir buscándose el sustento para ir aguantando.

IX
2017. LOS CORREDORES DE VIDA

Papilio machaon sobre flores de Rosa canina

16 DE ENERO DE 2017. EL NACIMIENTO

Sol y frío, como suele ser el invierno manchego. Según dicen se avecina una ola de frío polar, de esas que se vaticinan todos los años y que luego, al menos por aquí, en la llanura manchega, ni ola, ni polar. Solo percibimos un descenso del termómetro, que no merece ni el nombre.

Ayer volaban muchos laguneros por las afueras del pueblo y por la carretera de Daimiel.

Por el norte sí que está nevando con ganas, pero vamos, eso tampoco creo que sea novedad para las fechas en las que andamos.

A eso de las cinco llegué a la Virgen de la Sierra, dispuesto a pasear hasta El Nacimiento, lugar habitual de visita cada vez que me dejo caer por aquí, con mayor o menor dispersión dependiendo de la hora del día en la que se tercie.

El aire venía frío del norte. Cayendo la tarde y siguiendo el arroyo los primeros pajarillos van subiendo a sus dormideros entre los pinos y encinillas, grupos de pinzones en número de diez a quince, entrando entre las ramas y sucediéndose un bando tras otro.

Más cerca del altar del Ave María, con menos vegetación, gorriones, mirlo, jilgueros y alguna abubilla eran más aparentes.

En la explanada del aparcamiento, con los últimos rayos del sol escondiéndose, pinzones y jilgueros picotean en el suelo la cena del día.

Largas columnas de humo entre los olivares de la llanura enturbian el horizonte, la recolección de la aceituna está llegando a su fin y, con la quema de la ramoniza, el final de la jornada para el agricultor.

El sol se esconde, las hogueras se van apagando y el frío se echa con la noche. Es hora de ir retornando.

Desde hace varios días, junto al almez de la glorieta que hay al lado del quiosco de Chus, tres mosquiteros pasan el invierno. Ya veo algunas lavanderas blancas por el pueblo, pero menos que otros años.

Por la tarde también se dejaron ver por aquí cuatro buitres leonados sobrevolando la calle Grande a cierta altura. Otra cosa fue el bando de nueve garcetas comunes que pasaron en formación rumbo al norte por la calle Paradores esta mañana.

19 DE ENERO DE **2017**

A eso de las 7,45 horas el termómetro marcaba -2,3° C. Hace frío, pero tampoco es excesivo. Ha nevado por el levante y por el norte.

Me he encontrado con Bienve, que está trabajando en el Parque en el programa de reforestación; me ha estado contando que se siguen sacando peces de Las Tablas, sobre todo pez gato, pero también black bass, carpas y lucios. Algunos se los llevan en cubas para trasladarlos al pantano del Vicario, o cualquier otro. Y en ocasiones los entierran. Limpieza de biomasa, control de especies invasoras, en definitiva, consecuencia de la ruptura del equilibrio, provocada por el hombre y solucionada por el hombre, así que todos contentos, menos los peces, claro.

20 DE ENERO DE **2017**

La noche estaba fría y con algunos copos de nieve cayendo, pero lejos del pronóstico que anunciaba un temporal que finalmente se quedó por Albacete y el litoral mediterráneo con una fuerte nevada en la costa.

En la sierra sí que nevó, sobre todo en la cara más oriental, y lo estuvo haciendo hasta alrededor de las once de la mañana.

Me fui para arriba a eso de las nueve y media, ya el cuerpo no aguantaba más la incitación. Antes de llegar al Alto del Puerto, ya estaba nevando, a 1,5° C, y con viento frío.

Bandos de pinzones se me cruzaban por la carretera. Un grupo de quince buitres, entre leonados y negros, volaban sobre el Colmillo del Diablo. Algún arrendajo y rabilargos. Huellas de pequeños mamíferos en la nieve daban fe de su presencia tras la nevada.

Los «venaos» salieron a pastar por la tarde-noche, fieles a sus hábitos, con algo de nieve aún sin derretir.

Por la tarde volví a subir con la familia, para ver la nieve, los niños se lo pasaron en grande tirándose bolas de nieve y alguna que otra piedrecita entremedias. La Chipirrasca dijo que era el día más feliz de su vida por haber tocado la nieve por primera vez, seguido claro del día de su cumpleaños.

21 DE ENERO DE **2017. L**AS **T**ABLAS

La Chipirrasca y yo nos fuimos por la tarde a Las Tablas, con algo de nubes pero soleado y con buena temperatura, 10° C a la sazón. Un contraste grande con respecto a estos días de atrás, aunque el viento se ocupaba de que pareciese que hacía más frío del que el termómetro atestiguaba.

Por la mañana, camino de Carrión de Calatrava, Roberto y yo vimos aguiluchos lagunos por la carretera de Daimiel, frente a la planta de Rcd´s y cerca del Guadiana, que mantiene algo de agua en Zuacorta.

En Las Tablas se nota la humedad y el viento. Nos hemos encaminado hacia la Laguna de Aclimatación, que hacía tiempo que no visitaba. El camino tiene ahora pasarelas de madera, por la accesibilidad. Llegando se impregna el aire de un olor dulzón y de los álamos blancos. Oímos pájaro moscón, con su piar lastimero.

Desde La Entradilla vemos cigüeñas posadas en los nidos de los álamos secos de Molemocho. Ya no hibernan, no lo necesitan, Carmen me cuenta que encuentran todo lo que necesitan y lo que no, en el vertedero de Almagro. A veces la naturaleza tiene estas cosas, mira que cambiar un viaje a África por un vertedero. Pero es cuestión de economía, y la naturaleza sabe de eso.

En los tarayes secos que quedan en el lecho del Guadiana, cerca de la Isleta de los Gambeta, se apostan como doscientos cormoranes, en el que ya es su dormidero habitual.

En la orilla de la Laguna Permanente vemos una barca de fibra, rectangular, con la palabra Marines en el costado. Es una de las que me contó Bienve hace unos días que utilizan para sacar la pesca. Barcas de plástico para pescar biomasa, donde antes se pescaba para subsistir con barcos de madera a la luz del carbunco. Paradojas.

Entran grullas desde el oeste y se posan en los cultivos en el margen izquierdo del Guadiana.

Volvemos hacia las pasarelas desde la Isla del Pan, vemos una garza real, un andarríos, bisbitas en la orilla y algunos azulones y fochas.

Las pasarelas tienen poca agua, y no se ve ni rastro de vegetación sumergida, ni de peces. Sí vemos un galápago de florida de buen tamaño, inmóvil bajo el agua.

La Rebe dice que si vamos a por comida de Miguel Jasón (una mascota de la familia) para traerle.

También tiene su propia teoría sobre las huellas que se ven en el fango de los jabalís y aves. Observa con interés las huellas de jabalí, seguidas de las de alguna polla de agua o garceta, y dice que los jabalís persiguen a los pájaros y como luego las huellas han desaparecido es que se los han comido.

Llega a esa conclusión tras preguntarme qué comen los jabalís, y al contestarle que de todo, pues se lanza con su teoría.

Cuando le digo que no cazan a no ser que estén muy enfermos, me dice que van a por sus huevos para comérselos, y ahí no le puedo quitar cierta razón.

Con la caída de la tarde llega el espectáculo de las grullas moviéndose hacia dormidero, bajo un cielo anaranjado por las últimas luces como fondo de pantalla. La banda sonora también la ponen ellas por encima de los demás actores que también vuelan sobre el humedal en busca del refugio que la noche les requiere, entre los que se encuentra un bando de bigotudos volando raso, tocando los plumeros del carrizo. Un cernícalo común levanta el vuelo, y le sigue en la distancia una hembra de lagunero.

La Chipirrasca dice que se lo ha pasado de lujo, lo que le animará a parar por aquí otro día. Ahora cae de sueño en el asiento trasero del coche, tal vez pensando en dónde estarán los jabalís.

18 DE FEBRERO DE 2017. POR GRIÑON

Con niebla, escarcha y -0.5° C a las 8,30 horas de la mañana, de Villarrubia a Griñón, hacía frío en la mañana y había caído una buena escarcha, que
junto a la niebla ponían el fresco en el cuerpo a primera hora de la mañana.

El Guadiana en Griñón no ofrecía más que sonidos, porque la niebla
no dejaba alcanzar la vista más allá de cinco metros.

Sonidos de anátidas, buitrón, cormoranes y garzas.

La actividad agraria era ferviente como correspondía al sábado, y los
tractores ronroneaban en el ambiente.

Los gorriones morunos se despachaban a lo grande en la majada de los
Portillo junto a trigueros que repiqueteaban en lo alto de un álamo.

Bandadas de estorninos se echaban sobre las parras, y entre los sarmientos se dejaba ver algún colirrojo tizón, junto a cogujadas y algún que
otro pardillo.

Dos milanos reales volaban a poca altura hacia el norte, a unos doscientos metros el uno del otro, dejando ver su rubio plumaje con los primeros
rayos del sol que la niebla despejaba, cuando me acercaba a la entrada del
pueblo al tiempo que el reloj me anunciaba que había de seguir con mi faena
de sábado y que por hoy el campo se había acabado.

23 DE FEBRERO DE 2017

Veo la primera pareja de primillas del año, ya vuelan alrededor de la
iglesia, vuelven a su antigua colonia, como cada año. Hoy he visto 3 sobrevolando la calle Grande.

La temperatura ha subido, tenemos 18° C, y desde hace unos días,
polvo en suspensión que ayer se depositó tras caer un chapetón. Hoy sigue
la neblina con el polvo sahariano en el aire.

Conce me ha enseñado una foto de una imperial, posada en un poste
de la luz, en La Sarmienta, con una liebre entre las uñas. Me dice que hay
dos parejas asentadas en la sierra, y que vuelan hasta la llanura en busca
de conejos y liebres, manteniendo las distancias, una pareja al este y la otra
al oeste del pueblo. A veces cruzan por el casco urbano y se dejan ver si
miras al cielo, claro.

Desde hace algunos días no veo los mosquiteros de la glorieta. Tampoco veo ni oigo al mirlo que pasaba aquí el invierno. Se habrá ido a buscar
pareja, que ya va llegando el momento. Por el poli de las monjas sí que los
he odio esta tarde. Fue por ahí cuando vi salir a Conce del mesón del Toro,
y fue entonces cuando me enseñó la foto de la imperial.

El mirlo es uno de esos bichos que está en dispersión y en aumento
de población. Años atrás apenas se veía por el casco urbano y menos aún
en la glorieta. Ahora es cada vez más frecuente.

25 DE FEBRERO DE 2017

Coincidiendo con un día estupendo, soleado y con una temperatura de entre 18-19º C, después de levantar la niebla, las grullas han aprovechado para ir haciendo el petate y poner rumbo al norte, que ya va haciendo calorcito por aquí, y la bellota de las dehesas se acaba.

Al menos doscientas pasaron entre las diez y las once de la mañana, en grupos de distinto tamaño, haciendo V y con rumbo noreste, viniendo del suroeste. Pero qué disciplinadas, no falla, cada año, en cuanto empiezan los días soleados, hale, se acabó el invernareo y ahora toca el veraneo, pero al revés, al fresquito.

A la par, los tres primillas, que por ahora se dejan ver por el centro del pueblo, revolotean con su conocida carencia y reclamo.

Los gorriones también se han empezado a dar cuenta de que algo está cambiando y por el momento han comenzado a ir adecentando sus nidos, ya se les ve trasportando material.

Los aviones comunes también han tomado nota y reparan los nidos del año pasado en la cornisa de la casa de Ascen como cada año.

26 DE FEBRERO DE 2017

Esta mañana vi un grupo de golondrinas revoloteando, las primeras del año, la primavera se acerca.

8 DE MARZO DE 2017

A mediodía de hoy un grupo de cigüeñas cicleaba sobre la plaza, ocho en total. Cerca de ellas unas grullas volaban hacia el norte y un verdecillo revoloteaba entre las ramas de los árboles de la plaza.

10 DE MARZO DE 2017. EL NACIMIENTO

Llego a la Virgen a eso de las diez de la mañana, se me han pegado las sábanas o algún recado de esos ineludibles de primera hora. La mañana promete. Las temperaturas están subiendo desde ayer, empieza a hacer calorcito.

Llego hasta El Nacimiento, para no perder la costumbre, donde paso buena parte de la mañana. Parece que la primavera ha llegado de golpe, multitud de insectos ya han despertado y la algarabía de pájaros inunda el aire.

Veo dos rabilargos, es la primera vez que veo rabilargos por aquí.

El arroyo corre un poco llegando el agua hasta el Ave María.

Muchas mariposas de distintas especies pululan entre las plantas de alrededor del Nacimiento.

Se oye y se dejan ver los mitos, curruca cabecinegra, mirlos, petirrojos.

Sobre la cuerda, como otras veces, aparece la pareja de buitre negro y leonado compartiendo espacio.

Mosquiteros, carboneros, herrerillos se ven entre las zarzas y los chaparros del arroyo o revoloteando de rama en rama en las pequeñas encinas que bordean el camino.

Vuelvo hacia la ermita y continúo por el camino de Los Picones, para asomarme hasta el pueblo de Fuente el Fresno; por el camino veo cuatro águilas imperiales, una de ellas adulta con los hombros marcadamente blancos.

Ya de vuelta, en la explanada del aparcamiento un par de zorzales charlos comen posados en el suelo. Es un pájaro grande y esbelto, sobre todo cuando levanta la cabeza, estirándose tocando con la punta de las alas el suelo sobrepasando el borde de la cola y formando un ángulo casi perfecto de cuarenta y cinco grados con el suelo, mientras me mira, intentado averiguar mis intenciones. No tarda en levantar el vuelo para posarse a mayor distancia de mi presencia.

La mañana ha estado entretenida, y cómo se aprecian los corredores actuando como tales, como vías de conexión, de comunicación. Buena muestra de ello son los arroyos, como este de la Virgen, bastante tupido de vegetación, sobre todo de zarzas, es un hervidero de pajarillos. Y las especies que se ven también varían según la altitud a la que nos encontremos, a pesar de que desde la ermita hasta El Nacimiento no hay demasiado desnivel.

En las proximidades del Nacimiento, predominan las currucas, mitos, herrerillos y, más cerca del lavadero, carboneros, cogujada, gorriones. Es como si hubiese un salto biogeográfico a mitad del sendero del Nacimiento.

25 DE MARZO DE 2017. POR LA VIRGEN DE LA SIERRA

Esta noche ha caído una buena helada, y nos creíamos que no volvería el frío. Cuando iba hacia la Virgen, a eso de las ocho y media, el mercurio digital me anunciaba un grado sobre cero. A pesar del fresco el sol irrumpía con fuerza, y es que la inclinación es la inclinación, por mucho que nos empeñemos estamos a finales de marzo, y eso se nota, aunque el termómetro no de fe de ello, al menos hoy.

Por el pueblo y la llanura, la niebla lo justifica más, pero no tardó en levantar.

A pesar de ello, la primavera continúa avanzando, pues para eso ha venido, para hacer lo que tiene que hacer.

En el patio del santuario ya habían aterrizado no menos de treinta golondrinas que, con el frío en el cuerpo, se posaban al sol. Vuelven como cada año a la gran colonia que aquí tienen y que podría ser mayor, si no les molestásemos tanto los que por allí pasamos y los que allí moran, a los que parece perturbarles más que llenarles con sus chismorreos matinales, y a veces no les facilitan la labor para la que se han pegado el viajecito desde África. A algunos me gustaría ver en su tesitura y que, al llegar a casa tras pasar el invierno y con varios miles de kilómetros en las plumas, no solo no

Carbonero común macho, bajo la lluvia (Parus major)

encontraran la casa que dejaron a falta de algún apaño, sino que simplemente no la encontraran. Pero no parece importarles mucho, porque no dudan en coger pico a la obra y con barro, haciendo bolitas y bolitas, volver a darle forma a la que será la morada de su propósito y fin después de tan largo viaje. Como poco, si el año viene bien, sacarán dos puestas hasta que medie agosto, e incluso en ocasiones hasta tres.

Jilgueros, verdecillos, pinzones, abubillas, cuco, mirlos y carboneros despertaban el día, que prometía para aquellos que gustamos de perseguirlos a golpe de prismático.

1 DE ABRIL DE 2017

En la glorieta hay una pareja de verderones y un verdecillo. El mirlo que pasa por aquí el invierno, hoy se oye por la Soledad.

10 DE ABRIL DE 2017

Hoy veo los primeros vencejos del año, tres sobrevolando la calle Grande, aunque ayer ya me pareció ver uno volando, pero no lo puedo confirmar del todo. En pocas semanas llenarán el cielo de vuelos rasantes y zigzagueos en el aire, subiendo, bajando, moviendo tan rápido las alas que apenas se puede ver su aleteo.

13 DE ABRIL DE 2017. SAN CRISTÓBAL

La temperatura sigue alta para la época del año, con nubes bajas y una intensidad de luz que casi hace daño a la vista.

El campo tiene poca humedad, pero hay bastantes flores, las praderas que se forman aquí en algunas laderas son increíbles, con multitud de distintas especies vegetales, que en los años lluviosos hacen las delicias de los que nos gusta el campo.

Los pájaros andan más despistados que el resto del año, están atentos a lo que toca en esta época que no es otra que dedicarse a sacar la descendencia. Así que están a lo suyo, en plena faena reproductora.

Verderones, verdecillos, cogujadas, jilgueros, curruca mosquitera…

Los escarabajos se dan un festín de polen, como las abejas que vuelan con sus cestillos a rebosar. Un lagunero otea sobre los chaparros.

Sobre del Peñón del Moro veo unas cabras que se deben haber despistado del resto del rebaño de los Yebeneros, más lejos un buitre pasea las alturas.

14 DE ABRIL DE 2017

Pues parece que este año nos vamos a quedar sin Paser. Alejandro ha decidido no acudir a la cita y José Manuel, en su línea: voy tal día y tal, si puedes vas y si no, pues nada.

*Murciélago común o enano a la caza de una esfinge rayada
(Pipistrellus pipistrellus - vs - Hyles livornica)*

Así que como no pille el Corpus que cae en jueves, que es cuando él tiene estipulado ir a La Quebrada, pues este año me quedaré en blanco, me temo, salvo que falle algún día y llame a Alejandro, ya veremos.

El viernes 12 estuve por la carretera de Urda y ayer sábado por Las Tablas. Por la tarde en ambas ocasiones.

El viernes hubo tormenta por la tarde, los peñones estaban mojados, haciendo relucir las cuarcitas.

En los claros había muchos ciervos y muflones comiendo en grupos de varios individuos.

En el asfalto, que despedía el vapor de agua, se posaban los abejarucos.

Vi un macho de curruca carrasqueña, lástima que no me dio tiempo a dispararle con la cámara, fue un visto y no visto, qué pajarillo más bonito.

Un ratonero planeaba entre las encinas pequeñas del borde del arroyo de los Bañaderos.

Los arroyos corren, no mucho, pero dejan ver agua suficiente para dar crédito a su nombre. Los cantos inundan el aire. La cría está en todo su auge, y eso se nota, reclamos, defensa del territorio, llamadas…

A lo lejos se oye un cuco y, planeando bajo, vuela una golondrina daúrica. Suelen criar debajo de los puentes de la carretera con sus característicos nidos en forma de cazoleta pegada al techo, qué estructura más elaborada.

Ayer por la tarde llegué a Las Tablas al anochecer. Estuve en el Embarcadero, y en la Isla de la Entradilla. El color del agua es como el té, por contra, el nivel es bueno. Pero no se ve nada de vegetación sumergida, no hay ovas.

Aquí, como en la sierra, la algarabía de sonidos también se deja notar. Desde El Embarcadero vi volando martinetes, una garza imperial y una garceta grande. Se oía el canto del ruiseñor cuando una espátula volaba río arriba. También se oyen ranas, herrerillos, carboneros y pájaro moscón.

Alguna carpa asoma por el agua. En La Entradilla me encuentro frente a un gato montés, ya es prácticamente de noche. Me deja que le haga unas cuantas fotos antes de alejarse tranquilamente por la pasarela. Me da que no soy el primero de mi especie con el que se topa.

Recuerdo cuando trabajaba en el Parque, en cierta ocasión que los guardas trajeron unos gatillos pequeños, de pocos días, de gato montés, para llevar al Chaparrillo. A pesar de su juventud, eran bastantes agresivos y peleones. Ya mostraban su carácter a pesar de la edad, como tigres en miniatura.

Las grajillas también acuden a dormidero volando raso sobre el carrizal. A lo lejos se oyen gansos. Y desde la Isla del Pan me llega el reclamo de un autillo.

En el pueblo el número de vencejos va en aumento. Hoy he visto lo que parecía copula de dos de ellos en pleno vuelo, dejándose caer los dos juntos pegados en picado.

Una pareja de primillas está criando en el voladizo de la torre del ascensor de la casa de Joaqui Pulguitas. Los aviones, como cada año, bajo el alero de la casa de Ascen. Los veo volar desde la terraza de casa. En la calle Cristóbal Colon, la cigüeña que cría en el nido artificial del corral de Nino saca al menos dos cigoñinos adelante.

Al lado de la casa de Luismi, en la fachada del corral de los Pérez-Cacho, anidan vencejos en las oquedades que las viejas paredes de adobe y piedra dejan al aire.

En la torre del reloj no sé de cierto que este anidando otra pareja de primillas, será cuestión de seguir oteando.

En los Molinos, esquina con la calle del Verde, otros aviones lo intentan pero son rechazados de continuo. ¡Qué manía!

Los tordos también andan a lo suyo por los viejos tejados de las casas abandonadas, levantando tejas, aprovechando cualquier espacio para hacerlo más acorde a sus necesidades.

En la glorieta, jilgueros, gorriones, verdecillos y verderones se disputan los árboles, con poco follaje por el momento, lo que les impide ser invisibles.

Y las golondrinas cotorreando a primera y última hora del día, como si se estuviesen contando lo que han hecho o lo que planean para emplear la jornada.

Hace un par de noches vi una lechuza volando sobre los tejados sin hacer ni pizca de ruido. Es habitual verla cada noche.

Y así transcurre el mes de mayo, mientras el cielo se va nublando amenazando con alguna tormenta que hace estremecer al agricultor en su lecho, y subiendo las temperaturas que nos hace temblar a todos pensando en cómo será el mes de agosto.

22 DE MAYO DE 2017. SANTA RITA

Despejado y calor. Aprovechando la festividad de Santa Rita, hemos organizado entre los compañeros de trabajo una excusión matutina por la finca de los Yebeneros, que amablemente nos dieron acceso para subir al Peñón del Moro y volver por el camino de Pedrizas de Fuentes. La mañana se prestaba al paseo, así que, tras la ceremonia de rigor, tiramos para el monte un grupo que poco a poco se fue disgregando.

Hemos subido a la Cueva de los Lobos, la recordaba más grande, o yo era más pequeño. Antes, la finca no estaba vallada como ahora es el caso, y se podía subir a la cueva y al Peñón del Moro. Era tradición el día de la Cruz de Mayo subir a la ermita de San Cristóbal y los chicos subíamos todo lo arriba que podíamos, pasando por la Cueva de los Lobos, claro está. Una oquedad entre las cuarcitas que deja una cueva de poco más de un metro y medio de altura y algo más de tres de fondo que se va estrechando conforme se entra. Ahora, como ya no sube nadie, el acceso está más cerrado de vegetación, y hasta se hacía difícil llegar a la entrada.

Ahí arriba ya se encuentran plantas que no se ven más abajo, y eso que solo se asciende unos metros, y con ellas, mariposas que tampoco se ven más abajo.

Sobre el Peñón del Moro volaban muchos vencejos, desde aquí arriba la vista es imponente, y eso que solo son poco más de mil metros, y parece como estar casi volando. Por detrás, hacia el norte, el Barranco de la Friolera abre paso a la Colada de Valdeparaiso y a los Montes de Toledo.

Aquí arriba en el peñón continúa la depresión circular que de niños creíamos que era un nido de buitres, y que más se parece a una diminuta caldera.

Por el camino de ascenso se dejaban ver cogujadas, currucas, un alcaudón real y lagartijas rabilargas.

Hemos continuado por la cuerda de la sierra hasta el punto geodésico, más al oeste. Abundan las mariposas de distintas especies. Al menos he visto seis especies diferentes.

Siguiendo hacia el este, llegamos a un cruce de caminos que abren paso a las distintas fincas privadas que hay en la zona. Un prado lleno de flores entre encinas y coscojas, con un abrevadero artificial para la caza, donde muere el arroyo de Valdelosgamos. Bajamos por el antiguo camino de Pedrizas de Fuentes, por encima de la casa de la finca.

Qué sorpresa encontrar en la pedriza, sobre una encina, un nido de águila imperial con un pollo, de tamaño algo mayor que un pollo de corral. Ahí estaba aguardando el almuerzo bajo un sol de justicia que soportaba estoicamente.

Debajo de una de las encinas del camino, a unos cien metros, he estado observándolo, de pronto ha aparecido uno de los padres, le he visto por la sombra que iba proyectando sobre el suelo cerca del nido. Iba a entrar al nido pero, a pesar de estar perfectamente escondido debajo de la encina, ha debido verme y ha levantado vuelo. El pollo le estaba llamando. Era pues momento de abandonar la zona, y dejar que le alimentase, porque de alguna manera me había visto o se había percatado de mi presencia.

Llegué al final del recorrido con las reservas de agua agotadas y al borde de la extenuación, el calor ya apretaba de lo lindo, pero ha merecido la pena.

27 DE MAYO DE 2017

La temperatura es alta para la época del año, 33-36º C. El cielo amenaza tormenta, pero no llega. No veo los abejarucos en la colonia del carreterín de Las Tablas a la salida por la calle Soledad.

A los primillas tampoco los veo, ya deben estar saliendo del nido los pollos del año. Tengo la sensación de que hay más golondrinas, vencejos y avión común que el año pasado.

7 DE JUNIO DE 2017

El calor sigue su avance imparable, inclemente, para el fin de semana alcanzaremos los 37º C. Se ven los primeros igualones de golondrina volando, cernícalo primilla, vencejos, gorriones.

Mirlo común (Turdus merula)

Ayer en la Virgen vi a una abubilla entrando al nido y en la alameda frente al santuario se oía oropéndola, Todos los años vuelve a los eucaliptos del arroyo. En el patio, en los nidos de golondrinas veo pollos con cañones, posiblemente son de la segunda puesta del año.

1 DE JULIO DE 2017. LAS TABLAS

Esta mañana al levantarme cuál ha sido la sorpresa de encontrarme tres golondrinas en la cuerda del toldo del comedor de casa, casi se meten dentro. Ya vuelan en familia.

Por la tarde, entre Griñón y Molemocho, volaban medio centenar de garcillas bueyeras, que fueron a posarse a los tarayes secos que yacen sobre un cauce del Guadiana que esta vez sí hace honor a su atributo de río. Alguna garceta común les acompañaba. En la otra orilla sesteaban un centenar de gansos, y sobre el río volaba un bando de grajillas.

Un garcillo macho voló sobre el carrizo, cerca de un par de alcaudones jóvenes que se posaban en uno de esos tarayes sin hojas.

Me fui para la Laguna Permanente, donde ya se han creado algunos playazos con la bajada del nivel del agua. Cigüeñas, gansos, avefrías, andarríos grande, cigüeñuelas, garceta común acicalaban el plumaje o simplemente echaban la siesta. Un vívido chorlitejo chico recorría nervioso la orilla, cerca le seguían una lavandera boyera y un joven de lavandera blanca. Hasta un bando de bigotudos daba cuenta de los insectos que encontraba en el barro. En el observatorio una pareja de golondrinas sacaba a su prole, ajena al tránsito de visitantes. La ova crece en las pasarelas, un grupo de cigüeñas pesca al sur del tablazo, una espátula les acompaña, una garceta grande levanta el vuelo desde su posadero en uno de los tarayes secos.

Entre los carrizos tarabillas, carriceros, trigueros y una curruca mosquitera fueron completando la tarde.

24 DE JULIO DE 2017

El verano no nos deja mucha tregua, calor intenso, pasan unos días de respiro y otra vez empieza a subir el mercurio.

Este año los abejarucos no han criado en el camino de Las Tablas. Creo que el uso continuado de pesticidas ha podido ser la causa de que la colonia haya abandonado estos taludes donde los agujeros se cuentan por decenas y donde criaban todos los veranos desde hace tiempo.

De los primillas, una pareja ha criado en la casa de Pulguitas, ya vuelan los jóvenes, al menos tres, con los padres. Otra pareja ha criado en las inmediaciones de la plaza.

Golondrinas, vencejos y aviones comunes pululan por las calles cada atardecer y grandes bandos de estorninos, que entran a los dormideros, en la palmera de la casa de Eduar y en los tejados próximos.

Cae el día y salen los pipistrellus, y durante la noche con un poco de suerte se oirá y se verá alguna lechuza que vuela sobre los tejados sin hacer ni pizca de ruido.

El sábado estuve en la Virgen, en el patio las golondrinas siguen criando, hay nidos con pollos ya emplumados. Aún les dará tiempo a alguna puesta más como poco.

Fui hasta El Nacimiento y luego volví por El Sofá. Grupos de golondrina daúrica revoloteaban por el camino, curruca mosquitera, mirlos, mito y un par de imperiales. Una de ellas se apresuraba a batir las alas para salir detrás de un cernícalo que se cruzaba en su trayectoria. Al poco se perdieron tras la montaña.

Arrendajos y jóvenes de alcaudón común y real, además de grupos de abejarucos. Los últimos pollos salen del nido y se encaminan hacia su primer año de vida.

Pablo el guarda me ha estado hablando de un nido de águila imperial que hay en una encina cerca de la carretera de Manzanares, en el Monte del Gafas. Y que el guarda de la finca le contaba que ya ha visto a un ejemplar joven volando.

5 DE AGOSTO DE 2017. EL NACIMIENTO

Por la tarde voy a la Virgen, se casa la hija de una vecina y el patio está a rebosar de gente. A las siete y media el termómetro despunta 40,5° C, menuda tarde para ir de boda. Llevamos una semana fina, aunque hoy parece que se mueve algo más el aire.

Voy hasta El Nacimiento, como es costumbre, y al poco que avanzo por el camino empiezan a aparecer las golondrinas daúricas en vuelo rasante por el camino, dan una pasada y otra sin cesar, a la caza de insectos. Hay también golondrina común pero, en cuanto se sobrepasa la antigua alberca que hay junto al sendero, la daúrica hace acto de presencia. Estamos algo más alto que en el santuario, y se continúa viendo a lo largo de todo el camino hasta al principio del arroyo.

Veo un juvenil de curruca cabecinegra, también mirlos y mitos juveniles junto a los adultos, un herrerillo con marcado color azul, pinzones, jilgueros. Un buitre leonado en altura se aleja sierra adentro.

Golondrinas juveniles se posan en los alambres de espino de la alambrada. Y empiezan a subir oropéndolas por el arroyo arriba. Primero los adultos seguidos de los juveniles con el plumaje más apagado. Entre seis y ocho parejas de adultos seguidos de algo más de treinta juveniles. Todos se echan detrás de los pinos que hay en el arroyo frente al depósito del agua. Habrá que volver otra tarde a ver la entrada a dormidero. Menudo tren de amarillo y negro.

Ahora ya es de noche, acabo de ver pasar una lechuza desde la terraza de casa. Mañana avisan por fin que bajaran las temperaturas.

7 DE AGOSTO DE 2017

Pues sí, no fallaron los pronósticos, ha bajado algo la temperatura, y se anuncia un mayor descenso para dentro de un par de días.

He dado un paseo en bici por el río. El Gigüela, seco, solo con algo de agua remanente en parte de su cauce desde la carretera de Daimiel hasta la casa de la Milla.

No he visto ni ardeídas ni anátidas, solo una familia de cigüeñuelas y una polla de agua, un andarríos y un chorlitejo chico.

Los nidos de cigüeña que hay en los chopos y álamos del margen derecho del río ya se ven abandonados.

Advierto el paso de oropéndolas, tres adultos y cinco juveniles, una de ellas caza al vuelo una mariposa.

Parece que este año han criado bien, a la vista de las de hoy y las que vi en la Virgen hace unos días. Oigo muchos abejarucos, pero no los veo, creo que están entre los álamos blancos de Puente el Conde, pero ya hay poca luz y no los distingo entre las hojas. Jilgueros en la carretera.

Aquí en la Puente el Conde se ha quemado alrededor de una hectárea, con álamos blancos y tarayes incluidos. No oigo ni veo carriceros a lo largo del río. Un río sin agua. Es un río estacional, pero eso no le atribuye el don de la sequía. Hubo trasvase a finales de junio, pero debió perderse en gran medida por el camino, poco rendimiento tuvo.

La agricultura también se resiente de un año seco, con los niveles freáticos bajando y con las temperaturas muy por encima de lo considerado normal. El cambio climático avanza y nos cogerá con el pie cambiado.

20 DE AGOSTO DE 2017

Tras el refresco de una semana, la temperatura volvió a subir, coincidió con la partida de vencejos y primillas. También veo menos golondrinas, están más dispersas y vuelan fuera del casco urbano. En la Virgen siguen criando. Aún se ven pollos en los nidos, ya crecidos y emplumados. Les tiene que dar tiempo para prepararse para el viajecito que les espera.

1 DE SEPTIEMBRE DE 2017

Hoy he ido en bici a por unos higos. El camino de Herencia estaba de pena y yo no estoy nada en forma. Una ganga me salió al paso nada más pasar la rotonda del polígono con su reclamo inconfundible.

Más adelante, una pareja de perdices me cruzó por el camino. Golondrinas en vuelo. Me ha parecido ver un mosquitero entre los olivos y un papamoscas. Cogujadas y paloma torcaz.

El campo está bastante seco. Los higos están achicharrados por el calor, y la vendimia parece más que mediada. La uva es pequeña en el secano y

*Golondrina común sobre el patio de la Virgen de la Sierra
(Hirundo rustica)*

algo más grande con las cepas más verdosas, en el regadío. Se ha adelantado mucho la campaña de recogida me parece a mí.

Hace un par de días en la Virgen ya no quedaban golondrinas en los nidos, ahí se quedan estos para el año que viene.

El calor se retira anunciando el otoño, y lo hace bruscamente, pronto lo echaremos de menos.

5 DE SEPTIEMBRE DE 2017. PARQUE DEL GIGÜELA

Varios ejemplares en solitario de papamoscas cerrojillo vuelan entre los árboles del parque del Cigüela.

18 DE SEPTIEMBRE DE 2017. EL NACIMIENTO

Voy hasta El Nacimiento. Silencio que se rompe, a medida que voy llegando arriba, por mirlos, currucas y algún arrendajo que alerta de mi presencia, pero qué chivatos, que yo solo vengo de visita a otear un poco y no pretendo molestar, hombre, no seas tan escandaloso.

En lo alto del monte, a la izquierda del Alamillo, un macho de ciervo grande reclama su harén. Es un buen bicho, se ve imponente a pesar de la distancia a la que está. Se yergue ahí arriba como el toro de Osborne, pero con más cornamenta, lanzando su berrido tirando la cabeza hacia atrás. Otros empiezan su periodo reproductor. ¿Pero esto no era cosa de la primavera?. Sí, pero no todos acuden a la cita en las mismas fechas. Está empezando la berrea. La verdad es que esto de los «venaos» y demás no me atrae demasiado. Prefiero los pájaros, pero la estampa ha sido de foto.

Un buitre surge de entre el azul cielo y se pierde rápidamente. Si contamos los mil metros que debe rondar la cima, estará volando sobre los mil doscientos o mil quinientos metros de altura.

Junto al depósito del agua, detrás de la vegetación de la alambrada, oigo un fuerte ronquido, parece un jabalí que bufa, y no se mueve porque el sonido se repite desde la misma zona. Impone y hasta asusta, no le veo, pero le oigo muy cerca. Me estará viendo o me estará oliendo. Yo no lo veo por más que miro en la dirección del sonido, pero su voz ronca retumba en el valle del arroyo. Me muevo entre la inquietud y la curiosidad de ver qué es, y el bicho sigue sin moverse. El sonido proviene de la misma zona, ¿pero dónde estás?

La berrea se oye a lo lejos en la finca de Los Picones. Me marcho del depósito con la incógnita y con la sensación de derrota por no haber descubierto a mi increpador crepuscular.

22 DE SEPTIEMBRE DE 2017. EN BICI POR EL GIGÜELA

Zarceros, papamoscas gris y al menos un centenar de golondrinas capturando insectos al anochecer.

7 DE OCTUBRE DE 2017

Aquí están las primeras lavanderas blancas de este otoño, al lado de la plaza de toros, por aquí las llaman «fresquitas» a las pajaritas de las nieves, pero por ahora lo que se dice fresquito, poco, 15º C de mínima y máximas que llegan a los 30º C y por lo que parece va a seguir así, y sin una gota de agua del cielo, lo que comienza a ser preocupante.

8 DE OCTUBRE DE 2017. EL NACIMIENTO

A eso de las nueve me voy para la Virgen, con algo de fresco en el ambiente pero solo a la umbría, pronto el sol empieza a calentar y se alcanzan los 25º C.

Voy al Nacimiento, algo de brumas a la umbría. Un buitre negro está posado en lo alto de un risco. A la derecha del Nacimiento, en las peñas de la derecha, hay posados varios buitres más, leonado y negro. Trece en total, negro son cuatro, el resto leonados. Están a la sombra, esperan a que les caliente el sol que asoma por la cuerda de la sierra. Al rato empiezan a moverse y levantan vuelo alertados por el motor de un coche que sube por el camino de Los Valles. Solo tres de los buitres leonados no se alertan y permanecen posados en las rocas.

Currucas capirotadas y cabecinegras, mirlos, arrendajos, petirrojos, escribano montesino se mueven entre las zarzas, encinas y pinos. La mañana está agradable, los insectos revolotean a contraluz y las pequeñas mariposas destacan entre ellos.

Los pájaros están al acecho y aletean entre las ramas, hay mucho movimiento y son difíciles de ver en el follaje.

El suelo está más que seco, la falta de lluvia es muy acusada, el madroño tiene algunos frutos y la cornicabra luce sus frutos rojos y sus agallas en forma de vainas.

Vuelvo hacia la ermita, frente a la antigua piscina veo un herrerillo capuchino. Este es nuevo por aquí, no le había visto antes.

Me encamino hacia La Posadilla subiendo por la ladera hasta cruzar con la sendilla, entre las pequeñas encinas descubro al ave más pequeña de Europa, un reyezuelo listado, y sí que es pequeño. Están llegando para pasar el invierno.

En La Posadilla oigo grajillas y entre la vegetación veo una curruca rabilarga, que levanta a menudo el pecho de color anaranjado con una mancha blanca que va hacia la garganta.

En lo alto aparece un buitre negro y otro leonado cicleando juntos. No es la primera vez que veo a esta extraña pareja volar a la par, a los que se suman dos leonados más a lo lejos y un ejemplan joven de imperial.

Resulta extraño ya, subir un día a la sierra y no ver rapaces, lo que hace unos años era raro o extraordinario ahora se ha convertido en habitual, lo que sin duda se agradece.

15 DE OCTUBRE DE 2017. EL NACIMIENTO

Más y más calor, con temperaturas por encima de los 35º C en las horas centrales del día. Y sin llover. Todo está extremadamente seco, el suelo, las plantas. Para mediados de esta semana se anuncian lluvias, pero tenues, ya veremos en qué quedan.

Se ven muchos petirrojos por el camino cerca del Nacimiento comiendo en el suelo, volando de un lado para otro. También veo mosquiteros revoloteando entre el hinojo y las zarzamoras. Un buitre negro posado en una roca, ahí se queda durante las más de dos horas que permanezco por aquí, debe estar reposando la comida, acompañada por el sopor tan atípico de esta época de año.

Entre las zarzas revolotea una curruca cabecinegra. Si me gusta venir aquí, al inicio de este corredor natural que el agua y la vegetación asociada trazan hasta prácticamente el final de la carretera de acceso a la ermita, es por ellas. Sí por las currucas. Tan inquietas, tan difíciles de detener en el tiempo, entre su ajetreado deambular de un lado para otro, siempre ocultas entre ramas y hojas.

Sin duda el agua ayuda a ese punto de conexión. Me pregunto ahora, si el agua juega un papel más allá de constituir un recurso necesario para la subsistencia en la localización de los asentamientos humanos.

¿El hombre, cuando dejó de ser nómada, se asentaba en torno al agua, creando de esta manera los primeros poblamientos, únicamente por su necesaria dependencia de la misma, o por algo más, que tal vez trasciende lo meramente natural o fisiológico, hacia algo más espiritual? Y aquí, por alguna razón, igual que en otros sitios que frecuentamos asiduamente, ese vínculo existe.

Un acentor común recorre el camino picoteando el suelo, comiendo y dando saltitos de un lado para otro, levantando de vez en cuando la cabeza para cerciorarse de que no corre peligro alguno. Oigo a los mitos, esas pequeñas bolas de plumas con cola, como si de una pipa voladora se tratara. Les acompañan los arrendajos en sus cantos, mucho más ruidosos y auténticas señales de alarma ante la presencia de posibles peligros. En cuanto te ven ya están pregonándote a los cuatro vientos, sonando a hueco su grito de espanto en el valle. Los mosquiteros dan buena cuenta de las semillas de hinojo.

Aparece una cierva pequeña tras la valla, me mira por unos segundos y sigue su camino entre los chaparros. Rastros de conejo y jabalí y excrementos de pequeños mamíferos, mirlos, un par de buitres negros volando, ajenos a su congénere que sigue posado en la cuarcita en mitad de la ladera que cruza el camino de Los Valles.

Vuelvo hacia la sendilla de la Virgen. Entre la vegetación veo un pequeño reyezuelo listado, pero se me escapa al objetivo. Viene del norte a pasar el invierno.

Llego hasta la explanada en la cara norte de la ermita, donde varios colirrojos tizón macho buscan un invierno que no llega. A eso de las siete y media vuelvo para casa, desde la terraza veo salir los primeros pipistrellus, para ellos comienza la jornada. Los tordos van entrando a dormidero, al fondo el ruido de coches y el altavoz del campo de futbol cantando el número premiado en la rifa del jamón. Cosas del domingo y del futbol, en un campo de tercera.

23 DE DICIEMBRE DE 2017

Sol y hielo es la tónica climatológica dominante, para el lunes próximo se anuncian lluvias y se dice que este invierno va a ser más lluvioso de lo habitual.

Junto a la encina frente a los Obregones, en el margen derecho del Guadiana espero a las grullas a la caída de la tarde. Cuántos atardeceres habrá visto este impresionante árbol. Impone su porte, su nobleza, su señorío si se quiere. Es como si te mirase desde arriba, mostrando toda su grandeza. Con esa corteza gruesa llena de profundas grietas, que no hacen sino ayudarle a escurrir el agua hacia su base. Es viejo y lo sabe. Pero también es sabio, por lo viejo y por lo aprendido. Cuántos años hará que se alza aquí, unos cientos diría yo. Cuantos Guadiana habrá visto. A cuantos hermanos desaparecer de su vista. Desde aquí, desde lo alto, domina la llanura, el camino de Villarrubia, el valle fluvial desde Griñón hasta Molemocho. Cuántos viajes de trigo habrá visto salir del molino. Cuántas aves lo habrán usado como dormidero.

Cae la tarde y el ocaso llega con sus tonos anaranjados, alrededor de trescientas grullas llegan volando desde el este y el sur con destino a su dormidero de Las Tablas, al Tablazo si hay poca agua, la suficiente para servirles de protección mientras pasa la noche. Sí no, se irán río arriba más allá del Guadiana, hacia la Isla de Algeciras, o al Cerro Entrambasaguas, con menos superficie inundada.

A lo lejos veo una rapaz que no adivino conocer, ya es de noche, ya solo queda espacio para los sonidos que irrumpirán en el silencio.

25 DE DICIEMBRE DE 2017. EL NACIMIENTO

Anoche había una niebla espesa. Poco después de media noche levantó y quedó despejado. Más tarde se volvió a cubrir, la noche mojaba. Típico de la Navidad en un pueblo de La Mancha, frío y niebla espesa. Así parece apetecer más el recogimiento al lado del calor y encuentro que las fechas proponen.

Al amanecer el termómetro bajó y todo el relente de la niebla se heló sobre unos tejados que parecían nevados, para mejor estampa de la fecha.

En la Virgen de la Sierra, el sol calentaba y brillaba. Allí arriba el día era otra cosa.

Camino del Nacimiento volví a ver al herrerillo capuchino comiendo en los pequeños pinos del camino. Aunque sedentario en la Península, aquí parece ser más invernante.

Cerca del lavadero aparece un pico picapinos saltando de un árbol a otro y trepando de un lado a otro del tronco, arrendajos dándome la bienvenida y un grupo de rabilargos. El día estaba tranquilo, silencio y poco movimiento.

X
2018. ENTRE LA LLANURA Y LA SIERRA

Trepador azul (Sitta europaea)

Por la mañana he estado en la Virgen con la Chipirrasca. El cielo se iba cubriendo de nubes a medida que transcurría el día. Había cacería en Los Castaños. La reala subía por la pendiente oeste, junto a la valla lindante con el arroyo. Se oían algunos disparos, no muchos, dicen que hay poca caza.

Nos fuimos pronto sin mayor pretensión que la de coger agua del manantial y visitar a la patrona para alentar el espíritu. No estaba el día para pájaros, al menos en la zona. Hoy estaba copado por los cazadores.

Por cambiar el tercio, y dado que la jornada se había quedado a medias, la Rebe y yo nos encaminamos hacia Las Tablas tras la comida. Por el camino topamos con una hembra de aguilucho pálido dando cuenta de una liebre en la cuneta, recién acabado el lance, y compartiéndola con un par de urracas que pretendían hacerse un hueco en el mantel, aún sin haber sido invitadas, ni haber sido partícipes del esfuerzo del momento.

La liebre estaba partida por la mitad, le sobresalía entre la piel la espalda pelada, una pata a la que le habían dejado los dedos en los huesos, ensangrentados sin nada de tejido. Las vísceras también le habían desaparecido, estaba abierta por el abdomen.

Al vernos, la hembra de pálido se fue volando, dio un giro y se mantuvo planeando contra el fuerte viento hasta que se posó en un árbol a unos 200 metros del camino. Esperamos un rato a ver si volvía, pero su paciencia era mayor que nuestra espera. Así que abandonamos el lugar para permitirle volver a su festín con tranquilidad. Las urracas, menos tímidas, se fueron aproximando poco a poco, pero estaban atentas a nuestros movimientos y esperaron a que nos fuésemos definitivamente.

Llegamos a Griñón bajo un fuerte viento del norte-noroeste, para ver cómo el agua del Azuer alimenta poco a poco al Guadiana para llegar hasta Las Tablas. Por el canal del Guadiana, una corriente lenta de agua clara y con una profundidad de alrededor de 30 centímetros va moviendo el caudal del río. Por la madre del Guadiana no se apreciaba corriente, pero sí estaba río arriba todo el cauce inundado.

En una siembra próxima al margen derecho pastaban una treintena de gansos. Por el canal nadaban una docena de fochas y se oía al martín pescador.

Vimos a uno de ellos volando entre los carrizos. Un bando de patos volaba río arriba.

Un alcaudón real se posó sobe uno de los mástiles de los muchos que atesoran estos nuevos viñedos de reconversión, me pregunto reconversión a qué, haciendo de los viñedos campos de alambre a los que solo faltan los espinos para asemejarse aún más a campos de trincheras que a campos de cultivos. Es la adaptación industrial del campo.

Cuando llegamos a Las Tablas, el aire ha amainado un poco, el sol de la tarde ya cerca del ocaso se deja agradecer, al tiempo que tiñe el páramo de carrizo de un ocre-rubio que invita a la contemplación. Como las nubes blancas bajo un cielo azul que se refleja en la poca agua que atesora un embarcadero de maderas impregnadas del blanco salitre, testigos de otros niveles del agua que den justificación al nombre del lugar.

Las escalas entre un corro de carrizos que dan paso al Tablazo lucen sus rojos números y las marcas de sal seca, mostrando toda su longitud.

Entre los tarayes, los mosquiteros y petirrojos revolotean. Los mosquiteros a lo suyo aprovisionándose para el viaje que pronto comenzarán hacia sus cuarteles de cría. Los petirrojos a fisgonear, mirándote entre las ramas, dejando que te acerques a ellos, pero no mucho. Solo lo suficiente para verte de cerca con sus negros ojos rodeados del rojo anaranjado de sus mejillas, antes de saltar hasta la próxima rama, levantando y bajando la cola grácilmente.

Vamos hasta el segundo observatorio del itinerario de La Torre, no hay agua, solo un charco en el centro de la tabla, donde años atrás veíamos la querencia de las cercetas.

Al fondo cuatro grullas, tres adultos y un juvenil con la cabeza grisácea y la mirada más apagada, como de recién llegado, comen y deambulan frente al carrizo por una tabla seca.

Un grupo de tres gansos seguido de otro de cuatro vuela hacia el interior. Sobre los Obregones planean aguiluchos. Las nubes se tiñen de rosa pálido con la caída del sol. El intenso silencio se rompe por el aleteo de grupos de gorriones y trigueros que van a dormidero. Mosquiteros entre las ramas de los tarayes ocultándose. Las grullas y los gansos se oyen de lejos. Llega el final de día.

Sobre el fondo rosa de las nubes irrumpen miles de estorninos haciendo un ruido semejante al de la lluvia de una tormenta de verano cayendo sobre el marjal, varias decenas de segundos tardan en desaparecer como si fueran un tren de mercancías de plumas aleteando. Teñirán de negro allí donde se posen.

La algarabía de las últimas grullas deja paso a la noche. Ya es hora de retirarse. Rebeca ha alucinado con las grullas y con el gran bando de tordos. Ha corrido tras los mosquiteros que picoteaban sobre el camino del Embarcadero, dejándola que se acercara a ellos a menos de dos metros antes de alejarse un poco más allá, hasta la siguiente aproximación, hasta que su paciencia terminó en carrera, así varias veces.

La noche solo dejó ver un par de liebres cruzando raudas el camino de vuelta para perderse en la oscuridad entre campos de vides y alambres.

Hoy domingo 28 el aire empujaba las nubes hacia la sierra, donde descargaban una fina lluvia. No hizo frío, pero el viento se encargó de bajar la sensación térmica.

A media mañana un par de cigüeñas blancas volaban contra el viento. Por la tarde un bando de gaviotas lo hacía en dirección este.

24 DE FEBRERO DE 2018

Las grullas se mueven hacia el norte, con sol y frío. La temperatura está bajo cero al amanecer y el cielo despejado, de un color azul brillante. A media mañana se veían más bandos de grullas que tomaban rumbo a su lugar de cría. Alrededor de quinientas conté en varios grupos, más tarde pasó otro bando de setenta. Las primeras estuvieron cicleando para reagruparse y proseguir viaje después.

Pablo el guarda me vuelve a hablar de un águila imperial que tiene un nido en las encinas del Monte, en la carretera de Manzanares. He ido a verlo pero no he conseguido localizarlo. Y eso que no hay más que un puñado de encinas cerca de la carretera.

Por la zona están sembrando cebolla y ajos, y regando tras la siembra. En una de las parcelas hay más de veinte personas trabajando en la plantación.

Lucas dice que ve lavanderas blancas en el Insti. He ido por la tarde hasta la cabezuela de Renales. En la pedriza no veo nada de movimiento en torno al nido de imperial. Tal vez sea aún pronto para ocuparlo.

Frente al mercado también he oído mirlos. Años atrás no había mirlos en el casco urbano.

Esta noche se anuncia fría.

Un apicultor del pueblo me cuenta que tiene cien colmenas repartidas entre Fuente el Fresno y Las Labores. Y que por la sequía y la falta de flores no ha habido este año pasado prácticamente miel, y se le han muerto sesenta de las cien colmenas y que ahora le tocará reponerlas. Así que las estimula con jarabe de glucosa, para que empiecen a salir del letargo invernal.

27 DE FEBRERO DE 2018. EL NACIMIENTO

Hoy está todo el día lloviendo, ahora a las doce y media de la noche, cae el agua con alegría, como se suele decir. La temperatura ronda los 10° C.

Por la tarde estuve en la Virgen. Silencio y olor a tierra húmeda. No se necesitaba más, y con los pájaros cantando y moviéndose de un lado para otro. Subí, para no perder la costumbre, hasta El Nacimiento, donde un buitre negro se suspendía cual cometa, inmóvil sobre el cielo. Currucas, pinzones, jilgueros, herrerillos y carboneros hicieron de la tarde el resto de la escena, junto a rabilargos rondando el lavadero y el silencio apoderándose de la tarde poco a poco. Qué más se podía pedir.

28 DE FEBRERO DE 2018

Esta mañana el viento soplaba fresco con 10º C de temperatura en el ambiente. A mediodía comenzó a llover y fue arreciando a medida que avanzaba la tarde. Veo los primeros ejemplares de avión común, siete, volando contra el viento.

1 DE MARZO DE 2018

Ayer un vendaval se llevó por delante varios tejados del pueblo. El andamiaje que tenía la iglesia por las reparaciones de la fachada lo ha tirado al suelo por completo, han tenido que acordonar la zona, porque se ha quedado todo chafado. En la cooperativa también ha tumbado un depósito de los grandes y en la bodega de Soluta también ha hecho lo propio. Es increíble cómo puede el viento arrastrar tanto peso. La ráfaga de viento vino del suroeste. Lo vimos desde la ventana de casa cómo pasaba haciendo vibrar los cristales y los tejados con una gran polvareda. Por la línea que atravesó el pueblo fue arrasando todo a su paso durante los pocos segundos que tardó en recorrerlo. Hoy sigue lloviendo, andaremos ya por los cien litros, si no más.

He visto la primera golondrina y me ha parecido ver un primilla. El membrillo de la terraza está empezando a despertar, comienzan a brotar sus primeras yemas.

Por la tarde varios grupos de grullas volaban hacía el noreste, alrededor de cuatrocientas en varios grupos, van en busca de la nueva prole que veremos de vuelta en octubre.

10 DE MARZO DE 2018

Esta tarde en el campo de futbol vi el primer vencejo de la temporada. Iba solo, volando sobre el campo. Sigue lloviendo con fuerza durante todo el fin de semana. Y se agradece.

Águila imperial ibérica junto a gorrión molinero
(Aquila adalberti – vs – Passer montanus)

11 DE MARZO DE 2018

Un primilla vuela sobre el cielo frío y azul. Continúa lloviendo. Más tarde le acompañan en el cielo varios aviones comunes

12 DE MARZO DE 2018

Llegan más golondrinas, hoy veo cinco. Frente a la terraza de casa hay dos posadas sobre una antena de televisión. Mañana vuelve la lluvia. Crescencio me habla de que en las tablas de Villarrubia, renacidas por las últimas lluvias, ha visto porrón pardo y tarro blanco. Le pregunto por el río, por el Gigüela que debería de estar corriendo por aquí con lo que ha llovido. Me dice que está cogiendo agua del Amarguillo y por eso lleva agua a su paso por Villarta de San Juan, pero que el cauce original está más arriba. También me dice que desde noviembre el Guadiana está metiendo agua a Las Tablas gracias al Azuer.

13 DE MARZO DE 2018

Me voy a pasar la tarde a San Cristóbal, por el camino veo al solitario colirrojo tizón que no tardará en preparar las maletas y volar a campos más altos y más norteños, aunque cada vez se quedan aquí más tiempo.

Los narcisos ya han brotado y son abundantes por toda la ladera de San Cristóbal, junto al romero también en flor.

Golondrinas, cogujadas, jilgueros y herrerillos me acompañan por el camino. Sobre casa, cinco primillas se sustentan contra el viento.

18 DE MARZO DE 2018

La tarde está siendo lluviosa y con las temperaturas bajando. Los primillas siguen volando por el centro en torno a la plaza.

Según la prensa el río Amarguillo se ha desbordado por acumulación de materia vegetal que están retirando con maquinaria para que las aguas vuelvan a su cauce.

En Las Tablas han invernado cientos de cigüeñas y cormoranes. Demasiada agua en el cauce del Guadiana y en las zonas con mayor profundidad. En el afán de conservar la mayor superficie encharcada, han convertido a Las Tablas en un embalse, donde el agua se retiene y se acumula. Así no funcionaba el ecosistema, ni funciona. No es solo el agua la clave de su recuperación. Estamos de acuerdo que ya quedan pocos espacios naturales que no hayan sido intervenidos por el hombre. Y este es un ejemplo de justo lo contrario.

25 DE MARZO DE 2018

Llueve y los medios anuncian la entrada de otra borrasca, le han puesto de nombre «Hugo», siguiendo con la moda.

En la balsa de decantación de la depuradora hay porrones y coloraos. Frisos y más porrones volando. La Dehesa Boyal está inundándose, las tablas de Villarrubia asoman.

Las cigüeñuelas ocupan los primeros campos anegados, los bandos de golondrinas los sobrevuelan a ras del agua. Jilgueros y verderones. Un tarro blanco, cigüeñas, gaviotas reidoras. Un aguilucho se sustenta contra el viento, con la mirada en el suelo, oteando en busca de alguna presa. Más patos que vuelan río arriba, río abajo. El nivel del agua sigue subiendo, las lluvias están siendo generosas.

Hoy en la sierra, por la carretera de Urda, el viento soplaba con rigor, no en vano estábamos en alerta amarilla. Un águila real volaba con las alas flexionadas bailando contra el viento. Bandos de pinzones se dejan arrastrar, piando como si disfrutaran del empuje que les imprime más rapidez a su vuelo.

Aquí también se nota el agua. Los arroyos corren, las plantas tienen su verde brillante, el suelo también luce sus mejores tonos, la hidratación del campo se agradece a la vista y al olfato. Huele a húmedo, a campo, a vida. Hasta a las piedras les sienta bien este remojón que propicia la lluvia: los líquenes se inflan, los musgos renacen y brillan más que su propio verde. La piedra también bebe lo que buenamente puede.

Tres buitres leonados vuelan suspendidos contra el viento, también lo sienten en su pico y en sus plumas. Pliegan sus alas para reducir la resistencia, de lo contrario el aire se los llevaría hacia donde no quieren ir. Se mantienen como una cometa, balanceándose, mientras dirigen la mirada abajo, a sus dominios bajo el aire.

El viento es fuerte, lo suficiente para apagar los demás sonidos, solo su paso contra los árboles se le permite al oído, junto al del agua que discurre por los arroyos buscando su salida.

Llegando al arroyo de los Santos ya de vuelta, oigo jabalíes, pero no los veo, están cerca, entre la vegetación del arroyo. A lo lejos, sobre Peñas Amarillas, los buitres siguen enfrentándose al viento, inmóviles, sin esfuerzo, dejándose llevar.

28 DE MARZO DE 2018

Subo a San Cristóbal por la ladera este, dejando atrás la tradicional sendilla de los romeros, ahora mucho más corta que antaño debido al crecimiento del casco urbano hacia la sierra. Las últimas casas lindan ya con los olivares, incluso alguno se cuela de vecino, ajeno a la urbanización colindante. Pero no será por mucho tiempo, la ocupación se impone poco a poco.

Hay una vaguada entre olivares, por donde vierte la pedriza de la cara oeste del Peñón del Moro, el Balconcillo en el Topográfico. Olivares, chaparros y almendros, donde el terreno rezuma agua, hasta llegar a correr a favor de pendiente.

El último olivar, subiendo por la ladera este de San Cristóbal, que está labrado se separa de otro por un pequeño talud, este sin labrar, entre matas de chaparro, lavanda y romero, creando un seto natural que lo bordea limitándolo con el monte antes de llegar a la ermita.

Verderones, verdecillos, pinzones, currucas saltan al vuelo entre los olivos y los chaparros. Cogujadas en el llano, carboneros cantando, una curruca mirlona entre las hojas de un olivo. Una curruca cabecinegra ágil e inquieta entre las ramas de las pequeñas encinas.

La primavera pronto despertará del todo. Ya aparecen algunas flores de lavanda, El romero, en grandes matas, sí que luce sus flores, con dos tonos, unas lilas y otras más moradas. Los narcisos ya sucumben, se les pasó su época de exhibición hasta el año próximo, que, si es húmedo como este, será abundante, llenado el campo de amarillo pálido. Abundan también unas florecillas en forma de estrella amarillas y que crecen en ramilletes, Gages.spp me dice Q. Luengo.

Abejas y abejorros van buscando los primeros pólenes, aún parecen adormilados. Se oyen mirlos.

La temperatura ha subido hoy hasta los 21º C, pero ya se anuncia bajada y lluvias para el próximo Jueves y Viernes Santo. Una pequeña rapaz se cierne sobre el Peñón del Moro, no la distingo bien.

Bajo por la ladera sur de San Cristóbal, donde las praderas surgen entre los cantos rodados de cuarcita, algunas orquídeas empiezan a brotar. Currucas y carboneros entre los chaparros, pequeñas encinas de dos metros de altura donde comen, revolotean y buscan pareja.

Algún mosquitero también revolotea por aquí. Han empezado a salir los espárragos, y me lanzo a su búsqueda pensando en la tortilla de trigueros que me haré para cenar; el paseo me da para un manojillo que será suficiente para el festín. Aquí no hay químicos, al menos eso creo.

Desde arriba se ve la Dehesa Boyal inundada y parte de la Madre Chica del Gigüela desbordada. Las Tablas también se divisan desde aquí con buen nivel de agua, los plantíos linderos al norte del Parque Nacional están inundados. Llegando al pueblo veo más golondrinas, junto a gorriones y verdecillos.

31 DE MARZO DE 2018

El día amanece parcialmente nuboso con viento del norte-noroeste. Anoche estuvo lloviendo, impidiendo la salida de la procesión de Viernes Santo.

En la Virgen, en la glorieta de los caños, abajo, junto al arroyo, una reguera de agua clara sirve de bañadero a jilgueros, gorriones, un carbonero

Picogordo (Coccothraustes coccothraustes)

y hasta un acentor común. Junto a los árboles que lo flanquean, una pareja de herrerillos capuchinos revolotea entre las ramas. Llevo viéndolos por la zona desde este invierno.

Cerca del Ave María vuelan tres arrendajos y una abubilla, que suele criar en la zona.

En el patio del santuario las golondrinas ya están dedicadas a la tarea que les trajo hasta aquí. En el patio se conforma cada año una gran colonia de golondrinas que hacen sus nidos en los portales bajo la protección de los travesaños de madera o en los rincones de la galería. No sé cuánto hace que ocupan el patio como lugar de cría, no tengo recuerdos de cuando de chico solía pasar aquí parte del verano o la primavera con mis abuelos o con mi tía María cuando era más pequeño. Eso sí que eran vacaciones rurales, nos reuníamos aquí con familias propias o ajenas hasta un grupo de veinte o treinta chicos y chicas, entre niños y preadolescentes. Por aquel entonces, a mediados de los años 70 del siglo pasado, no había luz en el santuario y nos iluminábamos con un camping gas, con luz blanca brillante y seseante por la combustión. Tampoco había agua corriente ni baños en el interior de las viviendas, como lo hay ahora. Camino del Nacimiento había una alberca de la que ahora solo quedan las ruinas y donde nos bañábamos cada tarde. Del avituallamiento se encargaba Donoso, un señor de Daimiel que traía el pan y demás ultramarinos en un Citroën dos caballos furgoneta de color gris azulado. No había wifi, ni móviles, ni Nintendo, pero lo pasábamos en grande. Recuerdo ver por la noche unas grandes orugas que brillaban en los hermosos plátanos que había en el parador. Todo eso ya ha desaparecido. Solo queda el recuerdo.

Aún pueden verse los restos que quedan de la alberca que se llenaba con la finísima agua del manantial y de la pequeña casita de piedra más hacia el norte del camino que hacía las veces de vestuario.

1 DE ABRIL DE 2018

Por la tarde tres vencejos intentan entrar en la fachada principal de la iglesia, pero la malla que hay como protección de las obras de restauración que se están realizando estos días se lo impide. La causa no es tanto la falta de sensibilidad como la falta de conocimiento.

La parroquia constituye, por su arquitectura y la gran cantidad de oquedades que presentan sus paredes y tejados, el lugar elegido por vencejos y primillas, que establecen aquí año tras año sus colonias de cría. Pero este año se han encontrado a su regreso con una obra. ¿Qué?, se preguntarán. ¡Pero, hombre, que aquí vivimos nosotros!

Parece que les han advertido desde patrimonio y están dejando huecos entre las piedras de la fachada y haciendo nidos artificiales en el tejado. Pero para algunos este año ya será tarde y tendrán que buscar alguna alternativa, la cuestión es que son fieles a sus nidos, y vuelven a ellos cada año.

Creo que puede haber más gente viviendo ajena a los ciclos naturales que ocurren a su alrededor que los que vivimos prestándoles algo de atención. Es cuestión de educación ambiental y sensibilización. Aunque a pesar de ello, de que se conozca el porqué algunas aves hacen miles de kilómetros y vuelvan al lugar en el que nacieron, siempre habrá gente a la que semejante hecho no le importará lo más mínimo, olvidando que el hombre también forma parte de la naturaleza y que no puede vivir al margen de ella.

Son los primeros vencejos que veo a excepción de aquel ejemplar solitario que vi hace unas semanas por el campo de futbol.

Se acercan una y otra vez, intentando penetrar en la red y alcanzar la fachada, pero al final desisten. Y menos mal que la ven, si no se darían de bruces contra ella. Imagino que es como llegar a tu casa y no poder abrir la puerta.

Desde la terraza veo a los primillas y a las golondrinas que comienzan a emparejarse.

El cielo está nublado pero no amenaza lluvia. Para mañana han anunciado algo de agua. Ya veremos.

12 DE ABRIL DE 2018

La lluvia continúa cayendo. Esta tarde he visto una pareja de primillas en la cara norte de la iglesia, en el alero del tejado, estaban copulando.

21 DE ABRIL DE 2018

El tiempo se torna tormentoso. Suele ser así en esta época del año, ¿no?

Suben las temperaturas y entra aire frío en las capas altas. Eso es lo que dicen los del tiempo, y ya están formándose las tormentas.

He estado por la zona del Retamar, al oeste de la Cabezuela de Renales. Sobre la cuerda de la sierra se ven planeando un par de buitres. Jilgueros y muchos vencejos me cruzo aquí desde la Cabezuela y algún avión común. Las Tablas se ven con agua.

26 DE ABRIL DE 2018

Visito la finca La Rinconada con un grupo de vecinos que están participando en el programa «Sustentándonos» de la fundación FIRE.

El campo está de lujo gracias a todo lo que ha llovido, reverdecido comienza a florecer.

En La Rinconada hay un par de charcas artificiales con renacuajos, se ven y se oyen muchos fringílidos, palomas, tórtola turca, grajillas, conejos. La diversidad de plantas es grande y eso se deja notar. Los pistacheros están en flor, los machos soltando el polen.

Ramón nos cuenta cómo ve al críalo alimentándose con las orugas de procesionaria sacándolas del nido para comérselas, y cómo observa al atardecer un centenar de primillas que se ceban con las larvas de castañeta, una larva de coleóptero que se come la raíz de la viña, llegando a destruir el cultivo. También nos cuenta cómo en la casa había una colonia de primillas formada por una veintena de parejas, de las que ahora apenas quedan unas cuantas. En una encina hay un nido abandonado de un ratonero.

La finca está increíble, a la reconstrucción de una vieja quintería, rehabilitada como casa de vacaciones, hay que añadirle la gran cantidad de árboles que la bordean y la diversidad de estos.

A lo largo de la tarde, entre conversación y conversación, se habla de una antigua huerta cerca de la ermita de los Santos, en la sierra de Villarrubia: la huerta de Aldano. Aldano cultivaba hace cincuenta o sesenta años una huerta en este valle, aprovechando el agua que manaba de una fuente desde el Alto del Puerto, y que corría hasta desembocar en el arroyo de los Santos.

Ramón nos cuenta también cómo hace años restauró la vieja alberca y una casilla de piedra que había en la zona junto a un castaño ahora seco. La alberca se mantiene con agua todo el año con un fino hilo de agua de estupenda calidad, que hacía de la huerta de Aldano algo único.

De vuelta al pueblo veo algunas avefrías y en la Dehesa Boyal hay al menos dos parejas de cigüeña blanca criando.

22 DE MAYO DE 2018

Tras la lluvia de ayer, no mucha la verdad, el día amaneció con una niebla espesa que mojaba.

Rebeca se iba a Faunia, así que tocaba hacer bocadillo de tortilla de patata, a la sazón. A las siete de la mañana ya pelaba las consiguientes para obrar en consecuencia.

Como es Santa Rita, no hay curro y Pablo el guarda me dio detalles del nido de águila imperial del que ya me habló el año pasado, sobre una encina del monte del «Gafas» a poco más de cien metros de la carretera, poco antes de llegar a los Ojos del Guadiana.

A pesar de la cercanía a la carretera, no es nada fácil de encontrar, salvo que se esté prevenido sobre su localización, como era el caso. Todos estos campos de chaparral, donde aflora la caliza, están ocupados por cereal, viña y algo de hortalizas, cebollas o ajos, que se alternan con melones y cereales. No hace mucho era todo un monte de encinas, de las que solo quedan algunas manchas como testigo de ello. La agricultura fue ganando terreno a costa de las encinas centenarias que se sacaban de la tierra y se serraban a mano.

Llegué al punto en cuestión a eso de las once y media. De esas encinas centenarias sobreviven un grupo sobre un campo de cebada de buen porte entre la casa del Monte y un viñedo en espaldera.

El nido es una estructura de leña seca, plana en el extremo sur de una de las encinas.

Al parar el coche en la carretera, uno de los adultos, camuflado entre las ramas, sale volando y ciclea alejándose. Le falta una pluma secundaria en el ala izquierda, y el plumaje no es el definitivo de adulto, pero tampoco de juvenil, Los hombros blancos y la cabeza de color crema blancuzco. Las alas se ven barradas.

Me acerco andando hasta una de las encinas próximas, a unos trescientos metros, y me siento apoyado en su tronco, medio tapado por la cebada. En el nido hay dos pollos con el plumón blanco. Ya grandecitos, del tamaño de una gallina grande, se les ve bien el pico y la cera de color negro.

A lo largo de dos horas los adultos han llegado al nido en dos ocasiones de las que solo se han posado en una de ellas. Hace calor y los pollos están echados sobre el nido, apenas asoman un poco sobre las ramas secas. El otro adulto estaba volando más alto y lejos.

En una de esas entradas al nido, les ha traído una liebre, tras permanecer por corto espacio de tiempo en el nido ayudando a despedazar la pieza, se ha marchado volando a baja altura, mientras los pollos seguían comiéndose la caza.

Uno de los adultos parece tener el plumaje más uniforme que el otro, con la cabeza y hombros blancos, frente al otro que tiene la cabeza más rubia, y las alas más blanquecinas por debajo. Este parece ser de mayor edad.

Según Noval a los pollos les crecen los primeros cañones a los quince días. Y al mes están totalmente emplumados. Estos están totalmente blancos a la vista que puedo alcanzar, no les veo cañones. Pueden que tengan entre quince y veinte días.

A lo largo de la mañana no volvió a entrar ningún adulto al nido. Uno de ellos se veía posado en una de las encinas a cierta distancia pero vigilante.

De vuelta pasé por las pozas de los Alpargateros, que tienen buen nivel de agua. Están bien de agua, y de basura en las orillas, por desgracia. ¿Realmente cuesta tanto mantener el campo limpio?

Oigo y veo carricero tordal, verderón, jilguero, papamoscas gris. Gambusias en el agua, y algo de ovas en alguna de las pozas. Una garza imperial, un par de azulones. Se oyen oropéndolas, pero creo que están más cerca de río. Alguna golondrina sobrevolando a ras a la caza de insectos o bebiendo agua, y poco más. La verdad es que ya va siendo un poco tarde para ver fauna. Más bien para ir poniendo el mantel. El sol picaba de tormenta.

Por aquí por casa, los vencejos vuelan lanzado sus característicos «chillidos» y una pareja de primillas volando

26 DE MAYO DE 2018. EL NACIMIENTO

Nublado y fresco por la mañana, calor y bochorno a mediodía, que por la tarde desembocó todo en tormenta. Cargó fuerte en Valdepeñas, Arenas de San Juan y Las Labores. Aquí solo llovió por la tarde de manera suave.

Subí como de costumbre hasta El Nacimiento. Cantos de mirlos, jilgueros, verderones, oropéndolas, abubilla, bajo el bochorno típico de la tormenta que se iba a desencadenar.

El arroyo corre algo y la vegetación alrededor de la caseta del nacimiento del agua te llega casi hasta la cintura.

Los polinizadores están a lo suyo, dando buena cuenta del polen de toda flor que se les ponga delante.

Pocos pájaros se dejan ver, inmersos en su principal tarea de esta época, la incubación. Algún carbonero, mirlos. No veo currucas. Una hembra de pito real, alguna golondrina que ya está incubando sus huevos en la colonia del patio del santuario. Si bien parece que hay menos nidos que hace algunos años. ¿Cuándo llegarían por primera vez las golondrinas al patio a criar?

Hace unos días pensando sobre ello, pregunté a nuestra vecina Anacleta, que estuvo de santera allá por los años ochenta, y sí, ya recordaba a las golondrinas criando en el patio, al igual que María Eugenia y Dolores en la época de los setenta cuando decenas de niños junto a sus familias pasábamos unos estupendos días de verano en la Virgen.

A eso de las nueve y media la salve de la Virgen se deja oír por el campo, parte de unas vecinas que han debido madrugar y vienen hacia la ermita por la sendilla y, claro, la devoción se impone ante la visión del altar del Ave María.

Continúo hacia El Nacimiento, con poco movimiento de pájaros. Un azor que vuela hacia las cumbres y algún carbonero constituyen todo el elenco que se deja ver por ahora junto a un mosquitero.

Oigo perros. Debe de andar cerca algún rebaño.

Me voy camino abajo, un poco aburrido por la falta de movimiento pajaril. Junto al altar deambula un rebaño de ovejas, mientras el pastor habla con otros vecinos que ha encontrado en el camino.

Algunos ciclistas que bajan por la sendilla alertan sobre los perros del ganado.

Me alejo hacia la parte de arriba del santuario entre los pinos, demasiado jaleo por aquí abajo. Veo oropéndola, abubilla y junto al ganado que pasta entre las jaras aparecen tres buitres, que pronto pasan a ser cinco, entre negros y leonados. Parece como si estuviesen al acecho por si la oportunidad se presta. Ciclean a baja cota, hasta alejarse poco a poco hacia La Posadilla. La diversidad de flores y gramíneas se manifiesta. Un avispón me sorprende por su tamaño, al acercarme veo que el motivo de su tamaño excesivamente grande se debe a un saltamontes verde que tiene atrapado por su protórax y que está devorando sin contemplaciones. Al percatarse de mi presencia, vuela hasta una encinilla cercana, no le gusta que le molesten mientras come, normal.

Un águila aparece en el cielo, y pronto veo que le acompaña otra. Pareja de águila real. Una de ellas se lanza en picado para remontar después. Se alejan hacia Los Picones, una de ellas se posa en los peñones de la cima, que antaño reventarían los militares a golpe de mortero en sus asiduas prácticas de tiro por aquí, allá por los años setenta.

30 DE MAYO DE 2018

8,00 horas de la tarde, nublado, tormentoso. Voy con Roberto a ver el nido de imperial a la carretera de Manzanares. Hace bochorno, el tiempo incesante amenazando tormenta.

Nos quedamos en el camino de Las Zorreras, a una distancia más que prudente, con los primaticos podemos ver el nido con un pollo agachado y uno de los adultos. Tras un rato observándolos, volvemos y al reparar un poco en la carretera, el adulto sale volando y se posa en una encina próxima.

Continuamos camino, para parar en la carretera vieja, cerca de la casa del Monte. Vemos cómo en la encina donde se ha posado el adulto está también el otro, entre las ramas un poco más bajo. Agitan las alas, dejándolas semiplegadas durante un buen rato. Son adultos con el plumaje característico. La encina donde se posan está como a trescientos metros del nido.

En dirección sur aparece volando otra rapaz de mediano tamaño, con vuelo lento y pausado, es un águila calzada. Una urraca sale a su paso y le persigue intentando picotearle la cola. Defiende su territorio, debe tener su prole cerca. El águila ni se inmuta y continúa su vuelo mientras la urraca le persigue.

Volvemos para casa y nos acercamos hasta Griñón, ya casi anocheciendo. Carriceros, jilgueros, gorriones. En Los Montecillos una hembra de aguilucho cenizo planea sobre las encinas y las viñas en busca de alguna presa. Cerca de Molemocho, un macho de lagunero hace lo mismo sobre las viñas tejidas por los alambres.

A la vuelta, la hembra de cenizo continúa sobrevolando Los Montecillos. De La Rinconada salen volando un par de grajillas. Hasta hace poco no era habitual ver grajillas por aquí, ahora son mucho más habituales, y más abundantes.

Al final no llueve, hay luna llena y la noche brilla.

31 DE MAYO DE 2018

El día amanece soleado y despejado para ir cubriéndose de nubes de manera progresiva.

Llego con la bici hasta el arroyo de La Cañada en la rotonda de la carretera de Las Labores. Hay un pequeño hilo de agua que va fluido y transparente. A la salida del puente crecen ranúnculos blancos y menta acuática. Algunos juncos también. Se ven renacuajos en el agua. Debajo del puente una pareja de golondrina daúrica construye su nido, está prácticamente terminado y es de buen tamaño, con forma de taza invertida y una galería que le da acceso. Como si fuese una pipa de cazoleta ancha pegada al techo.

Continúo por el camino paralelo al cauce, se puede seguir el arroyo hasta casi su desembocadura en la Madre Chica del Gigüela, de no ser por la usurpación del dominio público de algunos cultivos no habría problema para ello. Se ven muchas golondrinas por el cauce a la caza de insectos, junto a avión común y golondrina daúrica, además de vencejos. También veo cogujadas, jilgueros y verderones.

Al llegar a un plantío, levanto un bando de gangas, entre siete y nueve. Y enseguida salta una pareja próxima. En algunos tramos del arroyo se mantienen charcos de agua gracias a las últimas tormentas de los días pasados. Pero no veo que estuviesen en ningún bebedero.

El cauce se prestaría bien a una restauración arbórea y arbustiva que permitiese recuperar el bosque de galería que sin lugar a dudas existió antiguamente cuando la agricultura era menos intensiva, y cada palmo de tierra no importaba tanto, a pesar de que los recursos eran menores que los actuales. Se sabía que cada uno tenía su espacio, y había que respetarlo. El agua también tenía el suyo.

Los largos periodos de sequía y el afán de aprovechamiento más allá de los límites de los cultivos tradicionales han ejercido la presión necesaria para hacer desaparecer en gran medida el llamado dominio público hidráulico, en definitiva el espacio que es del agua, y que corresponde al agua y al ecosistema del que forma parte, la extensa red de arroyos y ríos que conforman la red hidrográfica, o hidrológica. Un espacio que, cuando la lluvias se hacen persistentes, el agua reclama como propio, ocupándolo, tal y como la orografía del terreno le dicta, recordando que ahí no debió de existir un cultivo que ahora se anega o una casa que ahora se inunda.

Pasada la carretera de Arenas, queda algo del antiguo bosque de ribera, Olmos, algunos ya caídos, álamos blancos y unos cuantos membrillos que dan buen fruto y que nadie recoge.

En el talud del margen derecho del arroyo se ha instalado una colonia de abejarucos. ¿Serán los mismos que se fueron del camino de Las Tablas? Es posible. Aquí han encontrado un lugar ideal, terreno arenoso y un trozo de alameda con olmos y zarzas que aún perduran, junto a algún rosal silvestre.

Hay un buen grupo de abejarucos revoloteando y posándose en los árboles. Torcaces, jilgueros, verderones y verdecillos les acompañan entre los olmos, olivos y viñas.

Ruiseñor pechiazul (Luscinia svecica)

Hay también algunas parcelas de cereal y otras de barbecho que le vienen como pintadas a los insectos, circunstancia que no solo los abejarucos y las golondrinas saben aprovechar.

Continúo arroyo abajo, con alguna dificultad en algunos tramos, tal es la usurpación del mencionado dominio público, pero qué le vamos a hacer, no hay más remedio que bajar de la bici y continuar a pie.

Un avefría con un fuerte reclamo me sorprende y revolotea frente a mí llamando mí atención. Debe tener el nido cerca, pero soy incapaz de localizarlo, por visión y porque no quiero molestar más de lo necesario.

Me alejo, pero el avefría sigue mi camino delante de mí, llamando mi atención y alejándome más de su futura prole, emitiendo fuertes «chillidos». Hasta después de haber recorrido 500 metros no desiste, y vuelve con tal celeridad que se me despista la vista sin poder llegar a adivinar dónde se echa. La necesidad y obligación biológica se impone. Lo primero es lo primero, los genes han de seguir su camino en la línea del tiempo.

Sigo hasta las pozas para retornar al redil. De paso por El Rubial los agricultores se reúnen con sus tractores, ataviados de cubas y de atomizadores, manchados de polvos azules o amarillos.

Pero qué fiebre por llenar de insumos el campo. Sin duda la industria fitosanitaria hace su agosto sin motivo aparente.

Por el camino del Caz, que también se presta a una vía acondicionada para el paseo, verderones, jilgueros, golondrinas, mirlos. Y alguna planta de pepinillos del diablo en flor.

En otro tiempo por aquí corría el agua que molería el grano en otro tiempo en el Molino del Caz, hoy el único transito es de tractores dispuestos sin saberlo, ni pretenderlo, a continuar con la industrialización del campo.

9 DE JUNIO DE 2018

Voy por la tarde hasta Los Montecillos, un pequeño collado en el paisaje sobre la línea de arena que se extiende al sur del pueblo en dirección oeste, antiguo testigo de un paisaje transformado por los cultivos. Hay encinas que atesoran decenas de lustros, y otras pequeñas que crecen a sus pies. Aquí cría la carraca, el pito real y el abejaruco, aprovechando un talud que originó una extracción de arena próxima. Currucas, varios mochuelos levantan vuelo a mi paso bajo el dosel vegetal. Oigo un alcaraván.

El sol ya anda bajo el horizonte. Comienza el tiempo de las criaturas de la noche, que diría el gran maestro. Este pequeño lugar para el esparcimiento, con sus manchas de residuos como buen terreno abandonado, del que nadie se preocupa, sino para utilizarlo como no debería hacerlo para tirar basura, siempre llama la atención, como testigo de la dehesa que debió ser el espacio que ahora ocupan en su mayoría los viñedos.

Por la noche, mientras contemplo el oscuro horizonte con alguna de las más luminosas estrellas que sobreviven al destello de las luminarias de las calles, una lechuza surge de la oscuridad sobre los tejados desde la calle de Los Molinos; viene hacía mí, permanezco inmóvil, pero no escapo a su vista nocturna. Quizás oiga hasta mi respiración, Hace un pequeño giro y me sobrepasa a poco más de dos metros a la derecha de mi cabeza, entre los tejados, en busca de su alimento. Es frecuente ver lechuzas en verano, sobre todo de madrugada. No le faltan casas viejas y abandonadas que les sirvan de refugio e incluso de criadero.

10 DE JUNIO DE 2018

Esta mañana me fui al arroyo de La Cañada, a hacer unas fotos a la colonia de abejarucos que aprovecha el talud del cauce del arroyo. Hay un montón de conejos por la zona, los márgenes del arroyo están minados de madrigueras, sobre todo en las zonas donde el bosque rípario aún se conserva o al menos parte de él.

Entre los olmos se mueven una veintena de abejarucos, algunos posados, otros revoloteando, otros a la caza de insectos. Tras el lance se posan en alguna rama y mantienen la presa en el pico un rato antes de engullirla. Les gustan las perchas que asoman al arroyo, aunque esté seco. Los veo con mariposas y escarabajos en el pico. Hay nidos en ambos taludes del arroyo. El de la cara sur parece estar más utilizado, por los restos que se aprecian a la entrada. Pero no veo entrar a ninguno de ellos, Solo vuelan, cazan, se posan y comen. Algunos se enfrentan al vecino si este viene a hacerle compañía a su rama y no es de su agrado, se increpan con el pico abierto y erizando las plumas del cuello. A nuestra vista son todos iguales, pero seguro que ellos se conocen, y como todo hijo de vecino se entenderán mejor o peor, los más viejos y los más jóvenes.

Por entre las zarzas y los olmos revolotean verderones y verdecillos, jilgueros y alguna torcaz. Los jóvenes jilgueros esperan en las ramas a ser cebados por los padres. Ya están totalmente emplumados, pero aún muy apagados en sus colores. También vuelan algunas golondrinas y vencejos a la caza de insectos.

Aparece como cayendo del cielo cual paracaidista un águila calzada, con el plumaje claro, en una de sus pasadas muestra sus largas y poderosas patas. Se va por donde vino hacia el este.

Su presencia es cada vez más habitual por aquí y por la sierra donde puede que se reproduzca.

Oigo gangas, pero no las veo.

En la cochera las golondrinas ya han sacado cuatro pollos, que están vestidos de un plumón grisáceo. Los dos padres los alimentan. Por su parte, en la calle Charcazo los aviones común, como cada año, hacen lo propio. Se ven dos nidos ocupados, de esta pequeña colonia que año tras año frecuentan.

Los primillas dando vueltas alrededor de la casa de Pulguitas, un año más habrán criado en el tejado del hueco del ascensor. Uno de ellos está posado cerca.

Parece que se va a ir retirando el fresco y que el fin de semana hará calor.

14 DE JUNIO DE 2018. EL NACIMIENTO

26-27º C. Despejado con algunas nubes.

Me fui por la tarde a la sierra, hasta El Nacimiento. El calor ya se deja notar. Y eso se aprecia también en la vegetación. Ya hay muchas gramíneas secas. Los insectos siguen entre las flores polinizando, sobre todo escarabajos.

Por el camino hasta llegar al Nacimiento veo un picogordo, alcaudón común, un buitre leonado, oropéndola, mirlos y golondrinas, también daúrica, pollos de mitos, carbonero, abubillas, curruca cabecinegra y oigo cuco.

El silencio, solo interrumpido por el zumbido de los insectos y el canto de los pájaros, forman parte de la tranquilidad que da este lugar, medio natural medio místico. Autentico corredor ecológico.

30 DE JUNIO DE 2018

La temperatura ha bajado un poco y, salvo en las horas centrales del día, el verano se suaviza, tras varios días de calor intenso.

Voy con la Rebe a ver el nido de imperial del Monte. Hay solo un pollo, ya emplumado, pero aún no vuela. Oigo gangas.

2 DE JULIO DE 2018

Voy en bici hasta Los Montecillos. La temperatura sigue siendo suave, excepto en las horas centrales. En una encina cría una pareja de carraca, ya con pollos volanderos, también los abejarucos en el talud de arena próximo. Un críalo revolotea entre las encinas, lanzando la voz de alarma, es posible que también este criando por aquí.

Ramón C., al que me encuentro por el camino, me dice que este año ve menos primillas y más saltamontes en su finca. Lo que le viene a decir que la población de primillas tal vez ha disminuido en la zona. Me dice que este año no han ocupado los nidos que tiene en La Rinconada, tal y como lo hacían años atrás.

Avión común (Delichon urbicum)

7 DE JULIO DE 2018

Paseo en bici por el arroyo de La Cañada hasta el río por La Sarmienta.

La colonia de abejarucos del arroyo de La Cañada sigue su curso, veo salir a algunos de los nidos, deben estar aún alimentando a las crias en el interior: No veo juveniles, solo adultos en sus posaderos habituales en los olmos de la orilla. También a los conejos, muchos de ellos gazapos.

Continuó hacia La Sarmienta, veo un alcaraván, un chorlito que dirían por aquí, seguramente por esa mirada lánguida que expresa con sus ojos amarillos y cara pálida.

A la vuelta por el Puente el Conde, bandos de golondrinas vuelan a ras del suelo a la caza de insectos.

Ya anochecido llega un bando de abejarucos sobrevolando los chopos del río, suman una treintena.

17 DE JULIO DE 2018

Amaneció nublado, pero ya comienza a hacer calor a media mañana. Por Renales, en uno de los eucaliptos hay un nido de tórtola turca, una estructura sencilla, con apenas un puñado de ramas que sirven de estructura para una pequeña plataforma.

Sobre los rastrojos próximos vuela un aguilucho cenizo macho. ¿Habrá podido sacar a su prole antes del paso de la segadora? Hay muchas mariposas en los olmos, de colores pardos y blancuzcas. En las fresas hay otras de color totalmente blanco. Las lagartijas rabilargas toman el sol atentas a cuanto pasa a su alrededor por si han de salir por patas. Verdecillos, gorriones, terrera y jilgueros se ven por la finca.

A la caída de la tarde una agachadiza común (recacha) vuela hacia Las Tablas.

Una pareja de golondrinas toma agua volando a ras de la piscina, y otra de daúrica que también vuela raso haciendo varias pasadas sin que los que nos bañamos dentro les intimidemos.

Una araña tigre tiende su red y espera paciente en uno de los ciruelos de la finca, plagado de fruta hasta el punto de llegar a quebrar alguna rama. La araña parece haber salido de una película de alienígenas, con sus espinas y colores que le otorgan el calificativo que le da nombre.

Cae la noche y murciélagos, grillos, polillas y mariposas nocturnas revolotean entre la oscuridad y la tenue luz de un farol solar que flanquea un extremo del recinto.

Por aquí por el pueblo los bandos de vencejos chirrían de calle en calle, de tejado en tejado. Una vecina vierte un cubo de agua sobre la acera.

El sol calienta y el día sigue.

24 DE JULIO DE 2018

He ido a ver el nido de imperial del Monte. No he visto ni a los padres ni al pollo, que ya debe volar junto a ellos.

Las cigüeñas de la callejuela también vuelan, el nido está vacío.

29 DE JULIO DE 2018. EL NACIMIENTO

Sol despejado. Voy a la Virgen y como de costumbre, al Nacimiento. Veo golondrina daúrica, que aparece a medida que se asciende un poco, pasado el Ave María ya empieza a verse y en sus alrededores.

La golondrina común cría en el patio del santuario como hace décadas, tal vez desde siempre. Cuánta información hubiese dado esta colonia si se hubiera hecho año tras año campañas de anillamiento. Bueno, la verdad es que nunca es tarde. Algunas están ya en segundas puestas.

Oropéndolas, mirlos, pinzones, pollos de alcaudón común volando. Entre las cornicabras y zarzas del arroyo veo zarcero común. Un buitre leonado, como de costumbre, por la cuerda de la sierra planeando. Muchas mariposas y una araña tigre de buen tamaño tejiendo su red entre la vegetación.

Cerca de la alameda de abajo, frente al parador del santuario, como cada año, crían la oropéndola y la abubilla. El ciclo se repite una vez más.

En la glorieta de arriba veo un papamoscas gris revoloteando entre los árboles.

Las cigarras cantan de lo lindo anunciando que el día será calentito y eso que solo es mediodía.

Por El Nacimiento, tras la valla, un ciervo de mediano tamaño ramoneaba ajeno a mí presencia.

5 DE AGOSTO DE 2018

31º C a las 12 de la mañana. Llevamos cinco días de calor intenso, con máximas que superan los 40º C. Polvo africano en suspensión que no deja ver nítido el horizonte. A partir de las doce de la mañana el día se va haciendo más y más caluroso, hasta llegar la noche con viento, pero cálido

Los vencejos han desaparecido, ya no se ven desde hace unos días, coincidiendo con los episodios de calor, y eso que se van a África. Aunque África bien podía estar en La Mancha.

Tampoco veo ya primillas. Las golondrinas de la cochera están enfrascadas en el sustento de su segunda prole, con cinco golondrinos ni más ni menos. Ya están con plumón y cañones. No tardarán en volar.

Según las previsiones, seguirán las altas temperaturas. Adiós al refranero de «en agosto frío en rostro». Es el periodo de las cabañuelas, esa ancestral técnica de vaticinar el tiempo del año próximo, según la cual hoy día cinco nos estaría anunciando un mes de abril caluroso para el próximo año.

Por la noche salgo con los niños a dar una vuelta en bici por los alrededores de casa. En la Soledad, junto a la iglesia, vemos con estupor cómo una lechuza persigue y expulsa a un búho real, ambos iluminados por los focos de la iglesia.

Parece que el calor seguirá durante al menos un par de días más. Me temo que nos dará un respiro y luego volverá a apretar. Los veranos cada año son más largos.

8 DE AGOSTO DE 2018. EL NACIMIENTO

Amanece con neblinas sobre la sierra, brumas que se van disipando conforme avanza el día. Huele a mojado, pero no ha caído ni una gota. Tal vez alguna tormenta trae el aire con olor a húmedo. O Tal vez algún vecino esté refrescando la calle en contra del ahorro que ha de primar en esta época del año en La Mancha, donde el agua ya es un recurso escaso y hasta podríamos decir que no renovable.

La temperatura ha bajado algo, sobre todo de madrugada. Ya no alcanzamos los cuarenta grados, lo que sin duda es más que de agradecer.

Llego a la Virgen rondando las ocho de la mañana. Algunos paisanos ya están cogiendo agua de los grifos que alimenta el manantial.

Oigo las oropéndolas nada más bajar del coche. La mañana está agradable, poco más de 20º C de temperatura.

De camino hasta El Nacimiento las golondrinas vuelan a ras de suelo. Son grupos familiares. Entre las zarzas del arroyo veo varios ejemplares de mosquitero papialbo, curruca mirlona, capirotada y cabecinegra, mito, arrendajo, rabilargos, algunos nacidos en este año.

Un joven ciervo se asoma tímidamente entre la vegetación tras la alambrada. Me observa y da unos pasos hacia atrás. Al rato vuelve a aparecer en un claro del monte tras la alambrada. Me observa una vez más y se va sobre sus pasos. Así varias veces. No mide más de metro y medio de la cabeza al suelo.

Un buitre negro me sobrevuela en altura. Más tarde lo vuelvo a ver cerca del santuario.

Las currucas capirotadas jóvenes parecen más confiadas y me dejan que me acerque más a ellas. Revolotean entre las ramas de las zarzas, con juveniles de este año de curruca cabecinegra, parece que juguetean como hermanos entre la vegetación.

Las zarzas tienen multitud de moras rojas y negras,

Reyezuelo sencillo (Regulus regulus)

Los acebuches lucen sus aceitunas del tamaño de guisantes, al igual que las encinas sus bellotas. Las cornicabras, con agallas de color amarillo pálido dan cobijo a la puesta de algún insecto.

12 DE AGOSTO DE 2018

Algo nublado. A pesar de haber bajado la temperatura hay cierto bochorno. El tiempo está tormentoso por el este.

Voy por el arroyo de La Cañada, la colonia de abejarucos ya está abandonada, los jóvenes vuelan con los padres y volverán a dormir a los árboles próximos. Muchos conejos por el cauce y su borde, como de costumbre. Oigo gangas.

Hoy, desde casa, he visto un vencejo volando en solitario. ¿Despistado? O viene de más al norte.

Las golondrinas se juntan en grupos familiares, esta mañana había hasta trece en una antena de televisión. Canturrean a primera hora de la mañana. Es como si estuvieran planificando el viaje e intercambiado las rutas a seguir, los peligros a los que se enfrentarán, enseñando a las más jóvenes.

En la cochera los pollos siguen en el nido sin volar. Tendrán que darse prisa si no quieren quedarse atrás. Ya no queda mucho tiempo para partir hacia el sur.

16 DE AGOSTO DE 2018

Las tormentas del este peninsular han favorecido un ligero descenso de la temperatura, aunque sigue haciendo calor sobre todo en la horas centrales del día, incluso hasta cierto bochorno.

Esta tarde una tormenta descargó sobre la sierra. Vi otro vencejo errante en solitario.

31 DE AGOSTO DE 2018

Llevamos varios días de brumas y nieblas matinales, por el día hace bochorno y por la noche fresco, al amanecer algún relámpago en el horizonte.

¡Qué tiempo!

Al mediodía vi pasar volando golondrinas, y hace un par de días un vencejo.

Por la tarde he ido con Lucas en bici hasta Los Montecillos. Ni rastro de las carracas, ya irán de camino al sur a pasar el invierno. Tampoco se ven golondrinas a la caza de insectos volando a ras del suelo, ni los abejarucos, que también han partido. Un nuevo ciclo llega a su fin y otro comienza, así una y otra vez. Algunos de estos volverán el año próximo, otros no habrán tenido tanta suerte, y para ellos ya habrá terminado su ciclo de carbono.

Un grupo de jilgueros sale de su dormidero en una morera frente a la depuradora al vernos pasar. Cerca del río se oía a un alcaraván.

1 DE SEPTIEMBRE DE **2018**

Sol con algunas nubes, 36 ° C de máxima. El verano está lejos de acabarse, hace calor. Algunas nubes a mediodía apuntan a tormenta, pero de lluvia nada de nada, solo amagos sin éxito, neblinas al amanecer y al atardecer.

Por la mañana me fui a San Cristóbal, la mañana estaba fresca y agradable, se ven algunas golondrinas. Continúa el paso hacia el sur.

Una oropéndola surca el aire como una flecha amarilla entre los álamos y chopos del Hontanar. Se oyen currucas y verderones. Cojo el camino junto a la puerta de la finca del Moreno. Llego hasta una gran higuera entre las olivas, tiene unos higos negros que están estupendos. Por la ladera vuela un azor, veo golondrinas y se oyen currucas y mito. Bajo de vuelta por la tradicional sendilla, oigo abejarucos.

Por la tarde me voy para Las Tablas. Hago el itinerario de La Torre y el de las pasarelas. El Gigüela, a su paso por Puente el Conde, está prácticamente seco y con aguas residuales de la depuradora, al igual que el Guadiana por Griñón, donde queda poca agua. En las orillas se ven garcetas y un lagunero posado en el extremo de un taray.

Molemocho está prácticamente seco, no pasa agua bajo el molino. El Guadiana, aunque lleva agua, ha bajado mucho desde la última vez que estuve por aquí.

Hacia La Torre, El Tablazo está prácticamente seco, solo quedan algunas manchas de agua en las zonas centrales. El Embarcadero tampoco tiene agua.

El carrizo, la enea y la masiega están en flor, pero en seco. Hay mucha correhuela que invade árboles secos y al carrizo.

Desde el segundo hide, El Tablazo, con algo de agua al fondo, está plagado de limícolas que comen entre el barro, mientas otros hacen lo propio sobre la lámina de agua que sobrevive en una tabla prácticamente seca. Algunas avefrías en vuelo. Buitrón, ruiseñor bastardo, carboneros, tarabilla, mosquitero común, una hembra de papamoscas cerrojillo que va de paso, trigueros, estorninos, palomas torcaces.

Ya en Prado Ancho, se ven los taludes de arena plagados de madrigueras de conejo.

De vuelta por las pasarelas, en la tabla de La Entradilla el agua está sucia. Las ovas se ven en mal estado, hay poca agua, no más de 30 centímetros. Pero ese no es el principal problema. La contaminación es la que ahora azota a la cadena trófica, esa sobre la que se desarrolla la vida y, sin cuyos eslabones, esta se ve perturbada, alterada.

Se observan carpas pequeñas en el fondo, algunas se hunden en el fango, removiéndolo. Alguna focha y ánade real. El agua estancada se corrompe.

La tabla del Descanso está seca, nada de agua, hasta después del Maturro. Vuelan río abajo cinco gaviotas sombrías, una de ellas juvenil. Le sigue a cierta distancia, pero en el mismo sentido, un bando de garceta común. Tienen el dormidero en unos tarayes secos en el mismo cauce del río, cerca de la Isleta de los Gambeta, donde también hay cormoranes posados. Las garcetas suman más de un centenar en la pajarera que les sirve de dormidero.

Ya prácticamente de noche me sobrevuela un bando de flamencos, van alrededor de treinta. Se oye un autillo. Entre los tarayes del camino del itinerario sale un gato montés, es grande, está bien alimentado y parece acostumbrado a la gente ya que ni se inmuta ante mi presencia.

Para él empieza la noche, mientras otros ya aguardan el alba. El autillo resuena en el horizonte, otro le replica en la distancia, con la misma cadencia. Solo la perturbación de alguno de ellos le hará cambiar el ritmo o el trecho entre ambos, como el peloteo de un partido de tenis, pero sin puntos y sin jueces, solo el silencio.

5 DE SEPTIEMBRE DE 2018

Aún se ve de vez en cuando algún vencejo, como esta tarde desde la terraza de casa, y un par de golondrinas. Continúan bajando hacia el sur.

En el río, frente a la depuradora, había un grupo de golondrinas. Bajo ellas unas plantas de pepinillos del diablo, uno de los pocos sitios donde se pueden ver por la zona, y que año tras año florecen. Estando ya maduro el fruto, como lo está ahora, les basta un pequeño roce para explotar literalmente, lanzando sus semillas a gran distancia.

En el río veo una pareja de porrón europeo, a pesar de la poca agua y de mala calidad que lleva su cauce, retenida, prácticamente sin corriente, procede de las aguas residuales de la depuradora próxima. Me ha parecido oír bigotudos entre el carrizo. Un par de garzas imperiales vuelan río abajo. Llevo tiempo sin ver martinetes, habituales en la ribera otras veces.

De entre los chopos ha salido un grupo de diez abejarucos, todavía no se han ido. Se van notando los días, como se suele decir, poco después de las nueve el sol se oculta. La gente está vendimiando la uva tinta.

9 DE SEPTIEMBRE DE 2018

Tormentas por la tarde, temperatura fresca por debajo de los 20º C tras la puesta del sol. A media mañana un grupo de cuatro buitres ciclean sobre el recinto ferial. Esta tarde hay toros, los animales ya están en los corrales de la plaza. ¿Les habrán olido?, ¿vaticinan el final de la fiesta?

13 DE SEPTIEMBRE DE **2018**

Se acabaron las ferias del pueblo. Toca volver al campo a recoger la uva. Dos primillas vuelan sobre casa.

17 DE SEPTIEMBRE DE **2018**

Ese par de primillas sigue dando vueltas por el centro del pueblo.

20 DE SEPTIEMBRE DE **2018**

Esta tarde, alrededor de la torre de la iglesia, volaban tres primillas. ¿Todavía por aquí? Algo tendrá que ver el calor que aún padecemos para la época del año.

30 DE SEPTIEMBRE DE **2018**

Estamos en otoño, pero sigue haciendo un calor de verano, que incluso adormece como el mejor de los agostos.

Esta mañana un cernícalo primilla macho revoloteaba alrededor de la torre de la iglesia, iba detrás de las palomas y se posaba en la cornisa del campanario. Le oí su característica voz chirriante a su paso sobre mí en la terraza de casa, estuvo un rato posado y después continuó volando alrededor de la torre de la iglesia.

Pronto vendrán las grullas y este sigue por aquí sin tirar para África. Igual se queda por Andalucía a pasar el invierno. Como le pille el frío lo va a pasar mal. Al menos no tan bien como sus primos que ya andarán pasando el estrecho camino de Mauritania.

2 DE OCTUBRE DE **2018**

Ayer volaban vencejos por el campo de futbol, se metían entre los espacios de las vigas de hierro que sustentan la cubierta de la grada. Otros que parece que tampoco quieren volver al sur.

Por la tarde vi volar un cormorán hacia el nordeste, y por ahí, por la plaza del pueblo, siguen dos primillas dando vueltas.

La temperatura bajó algo y ya, cuando el sol se mete, el ambiente refresca bastante, como debe ser en estas fechas.

11 DE OCTUBRE DE 2018

Me fui para Las Tablas por la tarde, a ver qué se cocía por allí, llegando la fecha en la que las grullas suelen aterrizar. Hay que estar atento al viento, que no se nos escapen los primeros trompeteos. El cielo está parcialmente nublado y hace viento moderado del oeste.

Voy hasta la Laguna Permanente, que tiene un agua de color chocolate y nada de vegetación, tan solo una gran masa de agua que se extiende por el Guadiana hacia el sur, sin que los tablazos centrales aglutinen poco más que un testimonio de lo que deberían ser. En la parte baja del Parque, entre el Quinto de la Torre y el Puntal de Casablanca sí se ve algo más de agua.

En el Molino de Griñón el cauce está ya seco. Solo algunos reductos de agua retenida en un cauce gris que da un aspecto desolador con los tarayes muertos, ahogados por un nivel anterior mayor, ahora blanquecinos por las sales en la corteza de sus troncos. Un lecho fangoso que no atrae ni a los limícolas que podrían estar interesados en él.

Desde lo alto de la carretera de acceso al Parque se ve el Guadiana que sigue su curso, con la Isla de los Gambeta en el centro. Retenido por las presas del Parque, su lento discurrir se hace imposible, agua mansa y remansada, como un embalse, solo el viento la mueve a su vaivén sin que vaya a ningún sitio. Su único camino es el subsuelo que otrora le viera nacer en sentido contrario. Donde antes surgía para correr, ahora se queda quieta para hundirse en la profundidad de sus entrañas.

Es un agua muerta, parece no tener vida, parece estar triste, presa del hombre, le falta el brío y el vigor que en otro tiempo tuviera. No da vida a la vida, sino que almacena la muerte, el exceso de materia orgánica, que no deja salir y que la empobrece, la ahoga lentamente, hasta que finalmente desaparezca dejando tras de sí fango negro, que será gris y luego blanco.

Mal llamamos a este Guadiana río, cuando no lo es. Mal llamamos río al Gigüela cuando, aun siendo estacional, su estacionalidad deja de serlo para ser ocasional. Mal llamamos tablas a estas balsas de agua, que la retienen y la maltratan.

¿Es la única gestión posible, o simplemente la necesaria?

Mientras, la tierra que rodea estos ríos y estas Tablas se envenena a base de insumos y de agua fósil, necesaria para sostener una economía agrícola que, aunque industrializada, se conserva anclada en un pasado de cultivos excedentarios cuyo coste viene a ser ya demasiado elevado. Otro modelo no solo ha de ser posible, sino que es necesario.

Pero iba camino de la Laguna Permanente, a la que se llega tras un corredor de chopos y carrizos ahogados por un mar de correhuela. Las hojas de los álamos blancos comienzan a tornarse ocres, anunciando que pronto el tiempo será otro, que estaremos entrando en otro ciclo.

El viento del oeste es cálido y la temperatura supera los 20° C.

Estudio de campo - bocetos y acuarelas.
Parque de La Paz V. de los Ojos.

Gorrión común macho (Passer domesticus)

El agua de color ocre, como si de una gran tetera se tratase, rompe contra la orilla desnuda empujada por el viento, que no cimbrea a los tarayes blanquecinos atrapados tras la última subida del nivel del agua.

Un gran número de gaviotas reidoras se posan en la orilla sobre las que blanquean las espumas que propicia en viento sobre el agua.

Un aguilucho lagunero planea sobre ellas y las levanta en un par de ocasiones, intenta la sorpresa, el despiste. También le azota el viento, pero este sabe cómo aprovecharlo, como marcar el ángulo de ataque para sustentarse, para avanzar rápido o lento, según le convenga, sin perder la vista al suelo, atento a lo que en él sucede, esperando su oportunidad.

Las gaviotas superan el medio centenar, alguna sombría les acompaña, más otros azulones como único testimonio de las anátidas presentes, junto al grupo de gansos que suelen ser habituales.

Dos garcetas comunes se posan en los tarayes y otras tres picotean en el limo de las orillas. Metidas más en la laguna, veo algunas garzas reales, entre los gansos y las gaviotas. Una de ellas da caza a una carpa de mediano tamaño, la voltea en varias ocasiones hasta que consigue engullirla a favor de escama. Con ella visible en el buche, alza el vuelo y se aleja, ya se lleva la cena.

Un grupo de quince espátulas come en el agua más profunda, abriendo y cerrando el pico que sumerge casi en su totalidad. Se levantan y se vuelven a posar, vuelan, dan un giro corto y vuelven a posarse, caminan sobre el lecho del río con el pico fondeando en busca de alimento. Algunas de ellas son juveniles nacidas este año.

Un andarríos chico hace lo propio en la orilla, picoteando ávidamente el fango en busca de su ración. No muy lejos de él y a poca profundidad, un banco de carpas que ronda las cincuenta parece estar frezando, dejando ver sus lomos y sus aletas dorsales, moviéndose al unísono de manera brusca de vez en cuando.

La escala de metal que hay a la izquierda del segundo observatorio de la laguna, en el que estoy, apenas llega a marcar los cuatro centímetros. En 95 se ve la marca de la sal, que delata el bajón de los niveles de agua. Eso nos lleva a varios metros en el cauce del río.

Al fondo frente a una amplia formación de eneas, descansa un grupo de no menos de cincuenta cigüeñas. Ya no se molestan en ir a África, aquí tienen de todo, hasta calor.

En vuelo y pescando, un par de individuos de fumarel cariblanco. ¿Habrán criado aquí? Uno de ellos es juvenil. Es nidificante en el centro de la Península y migra moviéndose por la línea de costa.

En medio del cauce del Guadiana, la Isleta de los Gambeta evoca viejos recuerdos, cuando se llegaba a ella en barco. En su orilla se posan algunas garcetas y una garza real. Cormoranes. Una tórtola se posa en busca de algo de alimento.

El silencio se va apoderando poco a poco del espacio. Las libélulas saltan a mi paso y, en vuelo rasante, pasan las últimas golondrinas, haciendo acopio de reservas con los insectos que pululan entre la vegetación, antes de saltar hasta el otro lado del Estrecho. Aún les queda viaje.

En las pasarelas solo queda agua en La Entradilla y en El Descanso, pero poca, solo en su orilla derecha. El agua es de los pozos. En La Entradilla se ven ovas en el fondo y carpas pequeñas.

Desde la Isla del Pan alcanzo a ver más de doscientos gansos en los rastrojos de Casablanca. Según me cuenta Darío, con el que me cruzo de visita con una pareja de «ecoturistas», vio grullas hace unos días. En la orilla izquierda del Gigüela, donde aún queda algo de agua, se ven unas redes con boyas blancas, que con la bajada de los niveles de agua han quedado al descubierto.

Cigüeñas y garzas se posan en esa zona donde el agua está muy somera. El Tablazo está seco. Nuevos brotes de tarayes surgen en la tabla del Descanso ante la falta de agua.

La historia de Las Tablas se repite una y otra vez. Queda poco de lo que fue o mucho, según se mire. Su historia, el espacio, las aves, que continúan viniendo en primavera, en verano, a veces se quedan, otras no, en los pasos, para descansar más o menos tiempo, según esté de agua o la disponibilidad de alimento. El agua marca el ritmo de la vida aquí.

Dentro de poco desaparecerá la última generación que llegó a conocer Las Tablas como eran, antes de que el hombre las transformara para siempre. Ya no quedará memoria viva de este ecosistema. Ya no habrá nadie que nos cuente cómo se vivía aquí y cómo era el río, con su grandeza y con sus miserias. Ya solo nos quedará la memoria de otros reflejada en los libros y en los documentales. Dentro de poco, como tantos y tantos otros lugares del planeta, la gente de Las Tablas será historia. Aunque en años generosos de lluvia volveremos a rememorar lo que un día fueron.

En el margen derecho del Guadiana los grandes pívots reivindican su papel en el paisaje al que han contribuido en las últimas décadas. Ya no se cultiva maíz, como en los ochenta y en los noventa, pero siguen exprimiendo el subsuelo. Ya no hay agricultura de subsistencia. Hay industria agrícola impulsada desde la administración durante años, ajena a la problemática ambiental y cómplice en silencio. Es el modelo que se ha vendido, y se sigue vendiendo, y en un mercado tan cerrado, el agricultor no tiene más que someterse a lo que le dictan. Él también es víctima de un modelo de desarrollo que no ha cuidado sus recursos y que continúa sin hacerlo.

El gran calaminar ocupa toda la Isla del Pan, sin las madrigueras de conejo de años atrás y los senderos que estos marcaban. El quitameriendas asoma como cada otoño entre las piedras calizas de las islas, con sus flores lilas y estambres amarillos.

Los jabalíes buscan raíces hozando el suelo, y de ello dejan constancia en los márgenes de las islas. Encuentro los restos de unos huevos de algún galápago que han llegado a la vida.

Las Tablas siguen ahí con su dinámica, a merced del agua que le dejamos, del agua que le cae del cielo. Oigo un ruiseñor bastardo cantando en la espesura del carrizal.

Mañana hay montería en Valdeparaíso, eso hará moverse a los buitres.

14 DE OCTUBRE DE 2018

Nuboso, 12° C, a las seis de la tarde. Me voy por la carretera de Urda con Rebeca.

Esta madrugada teníamos aviso de huracán. Al parecer es el primero que toca la Península en la historia. De nombre «Leslie».

Pasó está madrugada por Villarrubia, dejando lluvias y nada más. Eso hizo bajar algo las temperaturas.

Por la sierra desde la carretera a Urda, y tal y como se preveía, al menos quince buitres volaban con la gorguera manchada de rojo. Buitre negro y leonado. El festín ya había tenido lugar sin duda. Se sustentaban contra el viento, casi podíamos tocarlos con solo estirar la mano. Currucas, pardillos, mitos.

La berrea ya se oye. Un jabalí solitario come bajo una encina. Entre los ciervos vemos un muflón.

Estamos en espacio Natura 2000, el LIC Montes de Toledo, de los mayores de la Península, más de doscientas mil hectáreas de monte, desde aquí hasta Cabañeros, hacia el este. Y se disfruta. Rebeca ha alucinado con los buitres volando sobre su cabeza.

Yo me he cabreado bastante al ver la cantidad de quitamiedos y bandas sonoras que han colocado en toda la carretera. No veo justificación alguna para estas obras en una carretera como esta, rompiendo el paisaje y creando barreras a la fauna.

20 DE OCTUBRE DE 2018

Voy a Las Tablas a última hora de la tarde. El día ha estado nublado con algo de lluvia, la temperatura alta, de 18° C a 15° C a las siete de la tarde.

El agua que hay se queda en el Guadiana. Solo La Entradilla y sus alrededores son testimonio de tablas.

Azulones comiendo, trigueros y gorriones en vuelo a dormidero. En la zona de Casablanca los laguneros vuelan sobre el carrizal.

Una cigüeña se posa en las ruinas de la Isla de los Asnos. En los años noventa del siglo pasado solía criar aquí, su nido remataba las ruinas de una chimenea de la casa que fue panteón de caza real, ahora cada vez más derruida, abandonada a los elementos y al paso del tiempo.

Anochecido veo tres grullas volar hacia el este, le siguen otro grupo de siete, pero no veo más y tampoco las oigo entrando a dormidero.

La tarde está cerrada, el viento del este sopla cálido. Sobre las pasarelas me sobrevuela una garza real.

De vuelta por el camino, veo un mochuelo y una liebre. Para ellos comienza el día.

Hoy es uno de esos días raros, en lo que parece estar todo desierto, sin vida, en silencio.

26 DE OCTUBRE DE 2018

Hace un par de días vi la primera pajarita de las nieves, aunque frío no se puede decir que haga. El termómetro sigue rondando los veinte grados en las horas centrales del día.

A principios de semana, hoy es viernes, vi el primer colirrojo tizón, y esta mañana tres primillas sobre la glorieta. Uno de ellos se encaró con la ventana de la terraza esta tarde, lo pude ver bien desde el sofá, acercándose y remontando para salvar el tejado.

28 DE OCTUBRE DE 2018. EL NACIMIENTO

Nublado, frío, 6º C a las diez de la mañana. Se puede decir que hoy es el primer día del invierno, que entró de lleno en toda la Península. Por la noche llovió y cayeron en picado las temperaturas.

De camino hacia mi santuario particular en El Nacimiento de la Virgen de la Sierra ya se ven mosquiteros. Un grupito de tres está sobre las zarzas del arroyo. Estaría bien anillarlos, para ver si vuelven cada año a esta zona.

Las currucas y los mitos también revolotean en busca de comida entre la vegetación.

La mañana estaba fresca y húmeda. Las nubes se sucedían rápidamente, tan pronto se nublaba como salía el sol.

Unas nubes blanquecinas barrieron los montes del Campo de Calatrava, Bolaños y Almagro, dejando nieve, un tenue manto blanco que desaparecería a mediodía.

Me quedé un buen rato ahí arriba, a la espera. Pinzones y, vaya, ese pequeñajo, un reyezuelo listado macho entre las ramas de un chaparro.

En los pinos de las terrazas cercanas al santuario unos piquituertos estaban dando buena cuenta de las piñas. Un picogordo les acompañaba. Según leo en Alfredo Noval, los piquituertos son muy confiados y hacen incursiones desde sus territorios de invernada en busca de alimento. La verdad es que no los he visto nunca por aquí. El pico asimétrico lo tienen tanto a izquierda como a derecha. Una mezcla entre tenaza y pinza que les vine de maravilla para abrir las piñas en busca de los piñones, lo que consiguen sin mayor dificultad.

Por su cuenta, un herrerillo se atiborraba de semillas de jara.

9 DE DICIEMBRE DE 2018. EL NACIMIENTO

El año se acaba y el invierno que no termina de llegar. Hoy no había niebla, pero sí algo de fresco. 1º C a las 9,00 de la mañana. A mediodía, con 15º C, hacía calor a poco que te movieses por el campo con algo de energía.

Subí al Nacimiento. Allí el termómetro se acercaba a los 6º C cuando llegué. Currucas, mitos, mirlo, arrendajo, petirrojos, escribano montesino, mosquitero, formaban parte de la cuadrilla de pájaros que me esperaban entre las zarzas.

Y entre ellos, un reyezuelo listado llamaba mi atención con su agudo pitido, mientas yo andaba distraído con un carbonero.

Se ven muchos rastros de jabalí alrededor del santuario. En la umbrías aún quedan setas, aunque no se puede decir que sea un año muy fructífero, se ven las justas y poco más.

En la llanura las columnas de humo de los sarmientos suben como queriendo hacer señales. Algunos ya andan cogiendo aceituna. Los madroños aún están verdes. Son pocos y no maduran.

El año termina con frío y nieblas, que a media mañana abren paso al sol, ya se sabe el refrán, por lo que alguna de las últimas mañanas del final del calendario propició ir en busca de setas por la sierra con los niños. A Roberto le costó arrancar, pero luego le gustó descubrir la tan aclamada amanita muscaria, tan popular en los dibus animados. Cogimos una representación de las más de diez especies distintas que encontramos, para en casa, con la guía en la mano, ir dilucidando cuál era cuál. La tarea de identificación no duró mucho, la paciencia no siempre está presente en los niños, por lo que nos emplazamos a una nueva jornada, ya que por esta con la amantita muscaria tendríamos suficiente.

Sapo partero con su puesta (Alytes obstetricans)

9 DE ENERO DE 2019

Las heladas predominan en la noche y el sol continúa templando el día. Los tejados amanecen blancos por la escarcha y los tordos se desperezan con el primer rayo de sol desde las antenas de televisión y las chimeneas que escupen los primeros humos, anunciando que la actividad del día arranca.

En los solares frente a las Dominicas, entre un ciprés y una vieja tinaja de barro partida por la mitad, una lavandera blanca anunciaba su presencia con su canto y su incesante movimiento de alzacola, como parte de ese baile de pájaro estilizado que tiene.

Cuatro mosquiteros le hacían compañía desde las hierbas secas y heladas que adornan el solar.

El lunes pasado volviendo de Ciudad Real, al caer la tarde, cuando llegábamos a Zuacorta, Roberto se percató de uno de los espectáculos que nos brinda el invierno a la caída de la tarde. «Mira a las ocho», decía y ahí estaban las líneas largas y las uves de grullas, como cada día a estas horas, camino de su dormidero en Las Tablas. Seguían el cauce del Guadiana y venían de río arriba, seguramente de usurpar algunas siembras para llenar el buche. Quién sabe si el río no les sirve de guía, como antes sirvió a tantos otros que ya solo lo recuerdan.

11 DE ENERO DE 2019

Para hoy se anunciaba el día más frío del año. Luego no ha sido para tanto, creo que esta noche será claramente más fría.

Cuando me levanté a eso de las siete y media, el termómetro de la terraza marcaba casi los dos en negativo.

En la calle aún helaba, aunque como hacía e hizo viento durante la noche, no había nada de escarcha, que sí de hielo, allí donde encontró agua.

En el transcurso del día el termómetro no pasó de los ocho grados.

Por la mañana ya entrado el sol con 4-5 grados, pero con el viento del norte que daba otra sensación.

Fui por el camino de Las Tablas hasta La Rinconada. Laguneros y un ratonero, mosquiteros refugiándose entre la retamas, y bandos de jilgueros.

Petirrojos, urracas y algún colirrojo tizón como siempre en solitario en lo alto de una cepa, de esas que hay frente a La Rinconada que ya atesoran varias décadas. Lavanderas en los arenales. Bandos de gorriones morunos en la majada de los Portillo, cogujadas en grupos pequeños.

Viento y frío.

Me encontré con Ramón por el camino y me estuvo contando que en La Rinconada tienen una encina donde año tras año cría una rapaz, tal vez un gavilán, que suele hacer el nido cerca del viejo del año pasado.

Al este de Los Montecillos veo dos rapaces grandes. Creo que se trata de una pareja de imperiales. Pronto empezarán a emparejarse.

Por la tarde he ido con Rebeca por la carretera de Urda. Ciervos y corzos por dentro y por fuera de la alambrada. La temperatura cayendo hasta los 3-5 grados. Las currucas entre los matorrales no se dejaban ver.

La Colada de los Santos se quedará para otro día con más luz y algo más de temple en el ambiente.

18 DE ENERO DE 2019

Ayer por la tarde el día se prestaba para salir al campo, así que nada más comer y acabar con las tareas domésticas, me dispuse para subir hasta el cerrillo de San Cristóbal.

La tarde estaba gris y fresca, pero no dejaba de ser agradable.

Algunos vecinos pensaron igual que yo y se unían al paseo por la senda de subida.

Petirrojos, colirrojos tizón en su solitario invierno, las lavanderas, gorriones, jilgueros y el canto de algún herrerillo me acompañaron por el camino de subida, entre romeros, cuyas flores alguna abeja prospectaba.

Subiendo por la ladera entre chaparros, romeros y lavandas, se veía mucho rastro de jabalí.

Bajé por el camino asfaltado, entre los acebuches plagados de pequeñas aceitunas se refugiaban algunas currucas y pinzones.

20 DE ENERO DE 2019. EL NACIMIENTO

Nublado, 8° C, a las ocho de la mañana. El pi-pi-pi del teléfono averiado contribuyó a que el sueño desapareciera pronto y eso llevó a la necesidad, más que a la obligación, de lo que al cuerpo le peta a ciertas horas de ciertos días, como era el caso del domingo de hoy, y que no era otra cosa que la de salir al campo a tomar el aire fresco de la mañana y ver lo que podía o no haber parido el día.

Así que me fui para la Virgen de la Sierra, pensando en El Nacimiento, y en los petirrojos, colirrojos, mosquiteros y currucas que podría encontrar revoloteando entre la vegetación, en las flores de la menta y del romero, y en los cálices que no cuajaron para dar madroños, del único que en el camino se encuentra.

Los almendros, con sus yemas ya despuntando, no tardarán en eclosionar en sus colores y olores que avanzan la primavera.

Continué camino hacia La Posadilla, pasando por el acebuchal, cada vez más presente en el valle que arranca desde una pedriza, allí donde el camino gira bruscamente siguiendo el contorno de la montaña. Y con buen fruto, abundante aunque pequeño. He leído en algún sitio que el aceite de acebuche tiene mejores propiedades que el de oliva, si cabe.

Un par de buitres negros volaban a baja altura, estuve observándolos hasta que un grupo de ruidosos «turistas», motorizados con buguís y quads, los alejaron. Simpáticos, todos me saludaban a su paso, a lo que yo respondía por educación que no por simpatía, dado el ruido y malestar que causaron.

Ni que decir tiene que la pareja de buitres remontaron alejándose ante la caravana de estruendos.

Más tarde, a la pareja de buitres negros se les unió uno leonado, que planeaba con la llanura al fondo, dejando una estampa de esas que salen en los documentales.

En la alambrada se posó una totovía, al rato levantó el vuelo ondulante. Cantó y se volvió a posar, y de nuevo salió volando para desaparecer.

Los buitres seguían cicleando a lo lejos cuando ya me encaminaba hacia el santuario para volver a casa.

La llanura se divisa desde aquí en toda su extensión, hasta las primeras estribaciones de Sierra Morena, tras el Campo de Calatrava. Mosaicos de cultivos, de olivares, de viñedos y cereal. Las Tablas. Las ramas desnudas de los árboles que flanquean ríos y arroyos. Muchos, si no todos, solo testimonio de lo que fueron.

Las sosegadas encinas, separadas unas de otras dando forma a la dehesa ente el verde claro de las siembras, en Casablanca, en Zacatena y en La Raña.

Las hogueras que delatan las tareas del campo, ahora la recogida de la aceituna, y la quema de chupones y ramoniza, que en otro tiempo servirían para alimentar a las cabras y calentar los pucheros bajo la lumbre y los comedores en las estufas de chapa niqueladas por la pintura.

Ya queda poco de eso, por no decir nada. Solo el testimonio a través del tiempo. Las manos del agricultor están menos agrietadas, las máquinas no son tan duras como la azada. Pero la tierra sigue a lo suyo, a lo que le dicen o a lo que le dejan.

27 DE ENERO DE 2019

Las Tablas, soleado. 1-2° C a las nueve y media de la mañana. Hoy desde el Ayuntamiento organizamos, junto a WWF, una jornada de repoblación en Las Tablas, de la mano del amigo Alberto.

La mañana prometía, nada más llegar a la altura del Molino de Griñón me encontré con un gran bando de avefrías posadas a orillas de Guadiana. Había más de cincuenta. Desde Griñón hasta Molemocho se mantiene el agua en el cauce del Guadiana. Está manando agua en Griñón, en el mismo cauce del Guadiana. Continuando por el camino en la antigua finca de los Obregones, come y descansa un bando de 50-60 gansos, que al vernos levantan vuelo en dirección al río.

Algo más adelante, tres grullas posadas a poca distancia, lo que nos permitió observarlas con detalle a simple vista. Pronto se percataron de nuestra presencia y levantaron el vuelo. El camino sigue estando interesante, vemos también un bando de grajillas, junto a urracas y algún estornino.

Llegamos al Parque a eso de las diez. Ya hay algunas visitas. El día, aunque fresco, está soleado.

La programación de la actividad con los escolares incluía una visita guiada, así que fuimos acompañados por una guía del Parque por el itinerario de la Isla del Pan, tantas y tantas veces recorrido, pero sin que una fuese igual a la anterior o a la próxima.

El agua de La Entradilla está llena de ese babazón, como llamamos a las algas verdes filamentosas, que no es nada bueno ver en el agua, algo de ova seca y nada de peces en el fondo.

Algunos mosquiteros revoloteaban entre el carrizo de las orillas, se oía ruiseñor bastardo y pájaro moscón. Ni un ánade real, ni una focha, como suele ser habitual en esta zona.

La algarabía de las grullas nos acompaña durante toda la mañana. Varios grupos numerosos se posan bajo las encinas de Casablanca. Se pueden contar varios cientos.

Desde la Isla del Pan se ven cigüeñas y cormoranes. Bisbitas en las orillas. Las cigüeñas levantan y comienzan a ciclear, hacen dos grupos de entre veinte y treinta individuos.

Gaviotas y cormoranes en el cauce del Guadiana. Lagueros en los páramos por Prado Ancho. Un macho de laguero con un plumaje espléndido planea cerca de nosotros.

Desde la finca de los Obregones, donde estamos contribuyendo a su repoblación, se ven los tablazos centrales secos.

Ahora, una vez más, se puede llegar a la Isla de los Asnos a pie, como hiciera en otro tiempo.

Por aquí por los Obregones ya van más de doscientas hectáreas repobladas. Nosotros hemos plantado coscoja, encina, romero, retama y olivilla.

A mediodía empezó a levantarse viento, que ya vaticinaba un cambio de tiempo para esta semana.

30 DE ENERO DE 2019

Viento frío por la nieve caída por el norte. Aquí ni ha llovido. Hoy lo hace tímidamente.

Ayer estuve por Los Ojuelos con Quique Luengo, quien me habla de las estupendas comunidades vegetales de suelos salinos y arenas que tenemos aquí, incluso únicos en la Península.

Parte del terreno municipal ha vuelto a ser arado y sembrado. Pero, como ha llovido tan poco, el cereal apenas despunta.

El viento hacía la tarde bastante desagradable. Los mosquiteros revoloteaban por entre los arboles de la iglesia.

13 DE FEBRERO DE 2019

Vuelvo a Los Ojuelos, con Quique y Conce. Conce es un libro abierto que no para de hablar, salta de la naturaleza a la arqueología y viceversa, relatando todo cuanto ve, o se puede ver, allí por donde pasamos. Enlaza su juventud con su niñez y a su vez con el presente. Conoce bien todo lo que nos rodea y lo que rodeó cada paraje de nuestro pueblo en otros tiempos.

Plasma en cada lugar que recorremos un episodio de su vida bajo la influencia de un medio que ya no existe, un medio que se encontraba ligado al agua que hoy ya no vemos, ni percibimos.

Los albardinares de Los Ojuelos, con su limonio, algunos de gran porte, que no había visto antes así de grandes. Artemisas con un fuerte tallo leñoso.

Los nazarenos que comienzan a despuntar. Pequeñas plantas carnosas que Quique me identifica y que ahora no soy capaz de reproducir. Un geranio pequeño de flores lilas y hojas primero verdes y después rojas...

Conce nos cuenta cómo utilizaba los brotes de los nazarenos como pegamento para pegar cromos cuando era pequeño.

Nos habla de la laguna grande, al sur de Los Ojuelos, donde iba con su padre a cazar tórtolas.

De cómo se sacaba de aquí el yeso, cortándolo por debajo del suelo fértil, para dejarlo secar, y cómo lo llevaban al pueblo para quemarlo y sacar el yeso en polvo.

Al oeste de La Rinconada está el Monte Sevillano. Sin duda el nombre evoca a una zona de encinas de las que sobreviven algunas de las que ahora encontramos por la zona, una parcela grande sin cultivar, que Quique referencia como uno de los mejores arenales de Castilla-La Mancha, si no el mejor, por la variabilidad de su flora.

Conce nos dice que suele venir aquí a fotografiar los nidos de alcaudón en las pequeñas olivas que crecen diseminadas por la parcela.

Más hacia el sur, vamos cerca de la parcela conocida por el nombre de las Piedras Gordas, que es de propiedad municipal, en el paraje del Penal, desde donde se ve más al sur la casa del mismo nombre, antiguo herradero de ganado vacuno.

Aquí hay una parcela alargada de arena rojiza y con un olivar abandonado, en el que crece una gran cantidad de *Alkana tinctoria*, o raíz del traidor. Esta planta tiene una fuerte raíz pivotante cubierta por una cutícula de color rojo intenso y el centro de color blanco. La raíz tiñe de rojo y tiene importantes propiedades curativas para la piel, para quemaduras y como potente cicatrizante.

Según Conce, en primavera este campo se cubre del azul intenso de sus florecillas, y una gran cantidad de cisca, *Imperata cylindrica*, llamada aquí palmas, porque se utilizaba para hacer sombreros como los de Panamá.

Conce nos cuenta cómo alguien le dijo hace unos días que un animal largo y negro corría por entre la vegetación del antiguo campo de los Obregones. Días después, Ramón encontró cerca de La Rinconada una nutria atropellada. Probablemente se referían al mismo ejemplar.

También nos cuenta que hace unos días encontró en el Puente el Conde un meloncillo atropellado.

Nos habla de su otra gran pasión, los yacimientos arqueológicos en las proximidades de Los Ojuelos, de época romana y del Bronce y de cómo aún se pueden ver restos de mosaicos romanos y de cómo, al meter el topo en una finca próxima, sacaron vasijas de barro llenas de tierra gris, distinta a las arenas de la superficie, lo que explicaría el movimiento de estas dunas a lo largo del tiempo.

También nos habla de un posadero de águila imperial en las proximidades de La Lagunilla, y del nido que tiene más hacia el sur. Dice que hay cuatro nidos de imperial en el término. Dos en la sierra y dos en el llano.

Habla de las gangas que graba y fotografía cerca de la casa del Penal. Y de las ortegas, más esquivas y difíciles de fotografiar, y de un bando grande de sisones que vio no hace mucho. Hace un montón que no veo sisones.

En un viejo almendro vemos un nido grande, y Conce no tarda en decirnos que es de urraca, que lo va recreciendo año tras año, y luego el búho chico lo aplasta y lo utiliza.

Pequeñas encinas crecen en el olivar abandonado. Conce dice que son como los «almendros burraqueros». Las urracas escoden semillas de almendro y encina, pero luego no se las comen todas. Las olvidan, o simplemente no las utilizan, y terminan germinando, de ahí el nombre, porque las siembran las «burracas».

Nos habla del último acerolo silvestre que quedaba en Renales y cómo fue arrancado por un propietario de la zona. Lástima que se haya perdido. Cuánto queda todavía por aprender y enseñar a la gente del campo, sobre todo a esa que cultiva y explota sin bajarse del tractor a pisar el terruño, a sentir con sus manos aquello a lo que da vida y le da sustento. Aún quedan agricultores como los de antes. Los que observaban el campo y lo escuchaban.

Y sigue con sus relatos, como el de una planta que crece cerca de los arroyos, en la cabecera de Barra, parecida a la chufa, de flor blanca que cuelga de un largo pedúnculo y que tiene un bulbo del tamaño de un garbanzo, que se pela y se come, y cuyo sabor recuerda al de la chufa.

Entre las plantas que hemos encontrado está el nazareno, *Muscari comosun*, o penitentes; la jarilla anual, *Helianthemun salicifolium,* hierba del cuadadrillo, jaguarzo castellano; geranios de tonos rojizos, *Erodium aethiopicum*; flor de Santiago, *Senecio gallicus*, ajenjo; *Alkana tinctorea*, raíz del traidor; acederilla, *Rumex roseus*, acedera morisca, acedera.

Me han sorprendido tanto el tamaño de los limonios que le he preguntado a Santos Cirujano, quien me dice que pueden ser híbridos entre *Limonium costae* y *Limonium dichotomun*, por decir sin verlos. Dice que el tema se puede deber a que la zona esté muy nitrifícada, que lo está por el ganado que lo transita. No sé pero a mí me parecen limonios gigantes.

17 DE FEBRERO DE 2019. EL NACIMIENTO

Despejado, 3,5º C a las 8,30 de la mañana.

Hoy he ido a la Virgen, a mi santuario particular en El Nacimiento, donde uno se encuentra tan bien que no sabe cuándo irse.

Un halo de serenidad invade este espacio, ha de ser por el agua que fluye de sus entrañas, uno conecta aquí espiritualmente con la naturaleza, con uno mismo, siempre y cuando no llegue algún dominguero dando voces, como a veces sucede.

Subiendo por el camino veo la primera pareja de herrerillos, y carboneros. El tiempo está casi primaveral, hace calor, mariposas, abejas y abejorros parecen haber despertado junto a la sinfonía de pájaros que van anunciando la primavera. No he visto colirrojos.

Pero sí he visto volando la primera golondrina del año, con cola larga, ha de ser un macho. Por el pueblo aún no las he visto. Estarán llegando las primeras. Un escribano montesino, arrendajos.

Los almendros están en flor, algunos blancos, otros de color rosa, y las abejas y los abejorros los invaden. En uno de ellos una curruca capirotada está a la caza del insecto, es una hembra con la cabeza marrón ocre. Algún petirrojo aún se deja ver.

En las peñas de la ladera hay posados un par de buitres negros, que desaparecen sin percatarme de ello mientras aparto la vista hacia el otro lado, atraído por un mito que pasa frente a mí volando.

Tras unas horas aquí arriba, vuelvo paralelo a la alambrada hasta llegar a la puerta de Los Picones, continúo por la senda hasta el otro cerro, ya próximo a Fuente el Fresno. Me cruzo con Jesús el panadero, como muchos otros domingos a lomos de la bici por la sierra. Hay que estar en forma para andar en bici por aquí.

Está todo bastante seco y empieza a hacer calor. Los mirlos y los pinzones vuelan entre los chaparros. No veo más rapaces.

Hacia la mitad de la carretera, entre las encinillas, revolotea un grupo de rabilargos, cinco, con el plumaje apagado. Cerca del lavadero del santuario no los vi, pero sí los escuché. Les gustan las laderas bajas. Por esta zona los veo a menor cota.

El tiempo continúa siendo poco habitual para la época del año en la que estamos. El *Calendario Zaragozano* dice que cambiará a finales de mes. Ya veremos si va acertando, porque falta va haciendo.

23 DE FEBRERO DE 2019

Continuamos con temperaturas inusualmente altas para esta época del año por todo el país. Durante el día hace calor y por la noche baja mucho la temperatura, sin llegar a helar, pero hay un gran desfase térmico.

Ayer desde casa vi más de cien cigüeñas cogiendo térmica y desplazándose hacia el sur. Hoy sábado he visto las dos primeras golondrinas por el pueblo. Y un par de primillas. Hace unos días me pareció oírlos, pero no llegué a verlos. Ya están aquí fieles a su cita, y las grullas hacen lo propio a la inversa. Han estado pasando toda la mañana en grupos de cincuenta, setenta, volando hacia el noreste.

La primavera parece adelantarse. Por la tarde fui a ver el nido de imperial del Monte, pero no vi ningún movimiento.

5 DE MARZO DE 2019

Ahí sigue el anticiclón, dándonos más calor que el deseable para estar en marzo, y sin caer una gota. Hoy se nubló un poco y los pronósticos anuncian lluvia para mañana.

Veo entre seis y siete primillas dando vueltas por el centro, por la plaza, por la calle Grande y la casa de los Díaz.

Una pareja revoloteaba esta tarde por la torre del reloj, pero gracias a su restauración la oquedad que utilizaban para anidar ha desaparecido. Aún falta sensibilidad y supongo que conocimiento para tener en cuenta estos pequeños detalles, tan importantes para algunas aves y tan insignificantes para nosotros.

Golondrinas se ven unas cuantas, pero todavía son pocas. En la casa de Ascen esta noche me ha parecido oír a los aviones en sus nidos.

Desde la glorieta, también he visto esta tarde un grupito de cigüeñas cicleando muy alto.

Grullas estuvieron pasando estos días de atrás. Probablemente ya se han marchado las que había por el entorno de Las Tablas. Esta tarde en la

Cernícalo primilla macho (Falco naumanni)

carretera de Daimiel, pasado el Guadiana, había un erizo atropellado en la cuneta. Es una zona donde suelen caer atropellados. Lástima.

9 DE MARZO DE 2019

La temperatura continúa subiendo de nuevo. Bajó un poco tras un día de lluvia y estamos otra vez en primavera.   .

Los primillas siguen dando vueltas por el centro del pueblo. Esta maña-na, un macho se posaba en una antena de televisón del edificio del Acuario, y una hembra volaba junto a otro macho. En total veo entre siete y ocho, volando por la zona y emitiendo su característico reclamo.

Por la tarde, desde la terraza de casa Pi, el sol se metía tiñendo de vainilla las pocas nubes que hacia el oeste cerraban el día, con la cabezuela de Renales como colofón.

Los primillas daban vueltas por el centro, subiendo y bajando sobre los tejados. Algunas golondrinas también pasaban volando rápido. Todavía son pocas las que se ven. Una de ellas entró fugaz al patio de la casa en dirección al nido que hay bajo las galerías. Vuelven un año más.

El vainilla de las nubes se fue tiñendo de rosa pálido y después de fucsia. Los primillas se fueron a dormidero en dirección sur, como siguiendo la calle Grande. Al amanecer y cuando el día temple volverán a sobrevolar nuestros tejados con su voz chirriante, hasta que se emparejen.

Seis grullas, en fila silenciosa, volaban a media altura en dirección noreste. Estas vendrán de más lejos. El grueso pasó a primeros de marzo y finales de febrero.

Desaparecieron los pájaros y el cielo lo ocuparon los murciélagos, que ya, dado el invierno que llevamos, hace tiempo que han salido de su letargo. La luna sobre el Peñón del Moro dibuja una cuna, grande y brillante. ¿A quién mecerá esta noche?

Las últimas sirenas de los tractores anuncian el final de la jornada, una de tantas. Alfonso no lleva sirena, solo un chaleco reflectante amarillo y una gorra, y no hace ruido. Avanza lentamente con su bicicleta, con pedaleo firme y pausado. Arrastra el cansancio de mil días y el propósito de mil noches. Lejos de envejecer junto al televisor, o al lado del fuego en la cocina, envejece en el campo a lomos de su bicicleta que parece decirle la hora de volver a casa.

La pareja de cigüeña blanca ya ocupa el nido de la calle Cristóbal Colón.

10 DE MARZO DE 2019

Soleado, temperatura subiendo a lo largo del día. Esta mañana desde la terraza de casa vi pasar un milano real, iba hacia el este, estuvo dando algunos giros y finalmente se alejó en esa dirección.

Sobre la sierra, entre Peñas Amarillas y El Allozar, estuvieron cicleando una treintena de buitres. Volaban en círculo y luego se separaban volando en línea recta para coger una térmica y volver a empezar.

Así estuvieron buena parte de la mañana, recorriendo la línea entre Peñas Amarillas y la plaza Manciporras.

Cuatro buitres negros estuvieron planeando por la ladera de Valdeparaíso, fueron remontando desde las cercanías del depósito del agua y subieron por encima de la cuerda de la sierra, para alejarse.

Por el pueblo ya se ve avión común.

Aquí en el centro los primillas siguen a lo suyo. Estableciendo la colonia. Por ahora son pocos, no más de siete. Veremos si se van sumando más.

A mediodía estuve por San Cristóbal. Trigueros, jilgueros, pinzones ya anuncian el preludio de la primavera. Alguna flor de jaguarzo, las florecillas amarillas en forma de estrella del género Gages, narcisos y algunas flores más. Pero está todo tan seco que a la vegetación le cuesta florecer.

13 DE MARZO DE 2019

Gregorio me habla de cuatro nidos de imperial en la zona de la sierra de Villarrubia, y que todos sacaron dos pollos el año pasado.

El pollo, que ya emplumado y volando desapareció del nido del Monte, murió electrocutado en la línea eléctrica que atraviesa la finca. Ya han dicho que la van a aislar para evitar este tipo de accidentes, me dice Gregorio.

Volveré otro día por allí, a ver si han ocupado el nido.

17 DE MARZO DE 2019

Esta mañana el sol picaba fuerte, por la tarde se ha levantado algo de viento y han aparecido nubes altas. Decían que iba a cambiar el tiempo. La verdad es que falta hace el agua. Ya veremos cómo avanza la semana.

Veo cinco primillas por aquí por el centro, de ellos cuatro son machos, Las golondrinas aún son pocas, un par de parejas se ven por aquí por la calle Grande.

Tengo que ir a la Virgen a ver la colonia del patío, y observar si hay daúrica.

23 DE MARZO DE 2019

El tiempo sigue como sigue, sin una gota. Hoy ha estado nublado y con viento, pero la temperatura se mantiene alta para las fechas en las que estamos. El agricultor empieza a mostrar su preocupación y, de seguir así el cielo, no tardará en tirar de la reserva hidráulica.

Los primillas continúan por aquí por el centro, son cuatro machos y dos hembras, que se posan en las antenas de televisión o en algún alto del tejado. Ayer sobre el tejado de la casa del aparcamiento de Andrés Santos vi otro par de ellos. Por aquí ha de criar otra pareja, en la vieja casa. Al atardecer los vuelvo ver volar hacia el este.

Ramón me habla del acoso de un azor que ataca a sus palomas en La Rinconada. Ataca a las palomas de su corral y me dice que ha visto rastros de habérselas comido.

Golondrinas todavía veo pocas por la zona. Con este tiempo tan raro han de estar un poco desconcertadas, como todos nosotros.

El membrillo de la terraza tiene algunos capullos. A ver si este año cuajan las flores y no las estropea el viento primaveral, como ya sucediera el año pasado.

27 DE MARZO DE 2019

El *Zaragozano* no da ni una, vamos, el tiempo anticiclónico continúa, y sí, con fuerte viento del noreste, que me está estropeando la floración del membrillo de la terraza.

Un par de primillas están dando vueltas por la torre de la iglesia. Golondrinas aún hay pocas. Sí que se ven muchos verderones y verdecillos en las zonas verdes del pueblo.

A la salida por la carretera de Las Tablas he visto un papamoscas gris, y por la avenida del Caz, una lavandera blanca, que será de las últimas que andan por aquí. Por la glorieta también se oyen verderones y ayer una pareja volaba hacia los arboles de la entrada de la iglesia. Las cigüeñas de la callejuela llevan al menos quince días incubando.

Cuando era un niño, en la calle Mira el Río estaba la casa de chocolate, que fue cine allá por los años 70 del siglo pasado. La llamábamos así porque tenía ladrillos del color del chocolate. En la chimenea de ladrillo rojo abandonada, tan característica en esa época en algunas fábricas o molinos de aceite como era el caso, anidaba una pareja de cigüeñas. Cuando tiraron la casa de chocolate y con ella la chimenea, se hicieron parcelas, corrales, y en uno de ellos el propietario instaló una plataforma, en la que cada año vuelve a anidar una pareja de cigüeña blanca, anque quizás esta ya no cruce el Estrecho para llegar a África y se quede más cerca a pasar el invierno.

29 DE MARZO DE 2019

Parece que hay unos primeros indicios de que va a cambiar el tiempo y que va a llover algo. Ya veremos.

Ayer hablando con Felipe, uno de los agentes medioambientales de Las Tablas, me decía que la parte baja del Parque está prácticamente seca, y que sí no llueve pronto se quedará sin agua.

La que entra por el Azuer es muy poca, ha bajado considerablemente. Y al menos las siembras ya están tirando de regadío. Si no, lo tienen crudo para salir adelante este año.

Hoy he visto los primeros vencejos del año, uno por el campo de futbol y otro por la calle Grande. Ya están llegando.

30 DE MARZO DE 2019

Esta tarde nos hemos ido a la Virgen. Ya se ven más golondrinas y aviones por el pueblo. Los primillas aún no se han emparejado. Veo a dos hembras en sendas antenas sobre los pisos de la calle Concepción, y otros tres machos volando y emitiendo su característico chirrido.

Las golondrinas también juegan en el aire. En la Virgen la colonia del patio se está estableciendo. Hay nidos en los que ya están incubando, como el de la entrada al patio; otros nidos se ven en construcción y otros ya terminados. Revolotean por el patio entre veinte y treinta golondrinas, unas andan en el nido y otras en las tareas de su terminación.

Camino del Nacimiento se ven más en vuelo, a la caza del insecto. Daúrica no veo. Sí pinzones, mirlos, herrerillos, carboneros, zorzales, un buitre leonado planeando por la cuerda de la sierra, un macho de curruca cabecinegra por entre las zarzas del arroyo, que se posa en el camino, para levantar el vuelo rápidamente y volver a refugiarse entre la vegetación.

La primavera empieza a despertar, más sonidos, más cantos. El campo sale de su letargo y con él sus inquilinos.

Lástima que esté todo tan seco. No es lo mismo una primavera que viene con agua en el morral que otra que languidece como un paseante desertícola.

Las plantas sin vigor, a pesar del esfuerzo, apenas florecen. El labiérnago se ve con fruto, aunque pequeño. Mi abuelo fue quién me enseño su nombre, hace ya algunos lustros, cuando paseábamos por aquí con una vara de cornicabra en la mano, por aquello de si salida alguna culebra. Y alguna víbora veíamos. Aunque él iba más pendiente de los rastros de conejos y perdices.

Cuando andaba aquí con mis abuelos algunos días del verano o la primavera, en los que lo pasábamos de vicio, todo hay que decirlo, me solía despertar desde el sofá-cama en el que dormía en el comedor y verles a ellos frente a la puerta de la cocina desollando un conejo.

Solía mi abuelo, por eso de no tirar con pólvora del rey, si no acostumbrado a ahorrar hasta lo perdigones usados, irse temprano con la de dos cañones y dos cartuchos en la chaqueta. Y solía también volver con una pieza y un cartucho en el bolsillo.

Claro que esa era caza de calidad. De la que se podía comer. Y vaya que si la comíamos. Por la tarde oteaba y se sabía hasta donde iba a parar la pieza a la mañana siguiente, allí donde la esperaría sin darle más oportunidad que la de no llevar más que la munición justa. Pero esta resultaba que era justa para él. Para hacer poco ruido y poco gasto.

En cierta ocasión, no tendría yo mucho más de diez años, me fui con él a hacer un puesto a las perdices. Allá que nos fuimos a la caída de la tarde donde él bien sabía que pararían o le entrarían. Al sentarnos sobre una piedra, detrás de unas jaras, que nos tapaban lo justo y necesario, como a mí se me hacía larga la espera, me puse a enredar con lo que por aquí llamamos un pajito, que no es otra cosa que un tallo de alguna gramínea seca. Metiéndolo y sacándolo por unos agujeros que a los pies teníamos en el suelo. No tardaron en salir algunos alacranes, que a mí, lejos de ver el posible peligro de su picadura, me resultaban hasta graciosos jugando con sus pinzas. Hasta que el cazador perdió la concentración de lo que hasta aquí le trajo y se percató de mi entretenimiento. Tras unos culetazos a los escorpiones, levantamos el puesto entre regañinas y refunfuños. Ni que decir tiene que esa tarde no hubo pieza alguna que desollar o desplumar en la cocina y tampoco tuve yo durante un tiempo oportunidad de volver a ir de acompañante al puesto.

Se ven nubes hacia el sur que parecen anunciar cambio de tiempo para esta semana, con bajadas de temperaturas, se anuncian lluvias y nieve en el norte. En esto sí parece que va acertando el *Zaragozano*.

Son las nueve de la noche y empieza a llover, tenue, pero llueve. A ver cuánto de sí da este temporal.

2 DE ABRIL DE 2019

Tan solo un breve paseo por el pueblo nos da muestra de la diversidad de aves que podemos ver. En las zonas arboladas, los jilgueros, verderones y verdecillos se llevan la palma. Aunque por contra se ven menos gorriones, como en la glorieta, donde ahora mismo casi sí hay cubierta vegetal. También se ven mirlos y pardillos.

Los primillas se mueven por el centro, también por la iglesia, pero parece que por ahí paran menos que otros años.

3 DE ABRIL DE 2019

Hoy el día ha estado soleado, pero ventoso, con algo más de fresco. A la caída de la tarde ya entraban nubes por el este y sureste, e iban cubriendo el cielo. El viento fuerte del oeste propiciaba el baile alado de los cernícalos primilla. Pausados, inmóviles, un quiebro rápido a favor del viento y giro en busca de la sustentación que le proporciona ir contracorriente. Sin avanzar. Solo dejándose llevar.

He llegado a contar hasta diecinueve. Planeaban contra el viento en grupo, acercándose dos o tres ejemplares, haciendo picados y remontando a favor del viento.

Había tanto machos como hembras. De vez en cuando alguno se posaba en una antena de televisión, pero no tardaba en volver a retomar el vuelo.

Han estado así toda la tarde, en un radio de unos 300-400 metros, entre casa y la Iglesia, la calle Jijones y la calle Charcazo.

En el recinto ferial he visto en vuelo cuatro vencejos. Creo que según las observaciones de otros años, han podido utilizar las oquedades de las vigas de la cubierta del campo de futbol para anidar. El espectáculo de los primilla ha sido de lujo, qué manejo del medio.

Hace unos días, con la lluvia, ni se veían. Suele pasar que, si arrecia temporal con lluvia o alguna tormenta o baja de pronto la temperatura, no se les ve volando. No les debe gustar nada el fresco.

A lo lejos en la sierra, sobre Matas de la Iglesia, se veía planear una rapaz grande, probablemente un buitre, pero estaba muy lejos.

6 DE ABRIL DE 2019

El tiempo, climatológicamente hablando, ha cambiado radicalmente. La temperatura ha caído y llueve desde hace dos días. Son chapetones más o menos intensos seguidos de claros. Hoy llegó a caer algo de granizo fino por la mañana. Por la tarde no ha llovido nada. Sopló el viento del noreste con fuerza y la temperatura no pasó de los 8-9° C.

Alrededor de las siete de la tarde me fui para Las Tablas. Pasada La Rinconada, en un olivar, un macho de aguilucho lagunero planeaba contra el viento haciendo quiebros, a la caza de alguna presa, algún pajarillo que saliera de entre los olivos. Tenía un magnifico plumaje nupcial de macho adulto.

En Las Tablas no había mucha gente, una veintena de coches que ya empezaban a retirarse. La tarde estaba algo fresca, casi frío vamos. La temperatura rondaba los siete grados y el cielo nublado pero no amenazante. O tal vez debería decir esperanzador, tal es el año hidrológico que llevamos.

Fui a la Laguna Permanente. El itinerario estaba cortado llegando al segundo hide, la verdad es que no sé por qué. Tampoco lo indicaba ningún cartel. Mantenimiento, reparaciones o solo para evitar accidentes entre los chopos por el viento.

El Guadiana va manteniéndose a duras penas. Las dos presas están cerradas y el Parque almacena, con oleaje por el viento en los tarayes secos que emergen del agua y en la Isleta de los Gambeta. Había cormoranes posados con plumaje nupcial. Llegaban al centenar. Les acompañaban en el plano un grupo grande de gaviota sombría que volaban en círculo. Y algunas cigüeñas. No en vano parte de los nidos de la chopera seca de Molemocho estaban ocupados y con huevos seguramente, al igual que el que hay cerca de Puente el Conde en un poste de la luz y como el de la callejuela, el de la calle Cristóbal Colón.

Esta bajada de temperatura no les va a venir nada bien para la incubación.

Vuelvo por el itinerario de las pasarelas. Llegando a la Isla del Maturro, un grupo de avocetas come en el agua que cubre totalmente la longitud de sus patas. También se ven algunas parejas de azulones, pato cuchara, a los que aquí llaman paletos, y coloraos, dos hembras y un macho. También se ve alguna pareja de friso, pero las menos.

Desde la Isla del Pan se puede ver el Guadiana y, frente a Casablanca, el Gigüela con agua. Los tablazos centrales están secos, con la vegetación de color ocre. Solo hay algo de agua en la tabla del Descanso, donde se ven patos y limícolas: cigüeñuelas, andarríos, archibebe común veo tres, y un grupo de 10-15 combatientes, picoteando raudos en el fango. Les va el tiempo en ello, aún les queda para llegar a su zona de cría más hacia el norte. En los pasos prenupciales, los más tardíos pueden verse con su plumaje prenupcial, sin llegar a exhibir la elegancia que alcanzarán para atraer a las hembras en sus zonas de cría.

Un par de avocetas vuelan sobre ellos y, no muy lejos, un lagunero sobre el carrizal no tardará en levantarlos, pero solo las cigüeñuelas se ven amenazadas, el resto ni se inmutan. No son presa fácil y ambos lo saben.

En las pasarelas me encuentro un cangrejo despedazado, el abdomen sin cuerpo y la cabeza por otro lado con las patas separadas. Un rascón corre por entre la vegetación, tal vez sea cosa suya.

Una agachadiza levanta el vuelo y emite su silbido. Esta también va de paso, dicen que migran a una velocidad media de 100 kilómetros por hora. Rápidas ellas. Y si no que se lo digan a las escopetas valencianas que las abatían en tiempos de Settier.

Por la Isla del Pan veo carboneros, grajillas, urracas y pinzones.

Me quedo en La Entradilla hasta que empieza a hacerse de noche. Desde el balcón que asoma desde la isla, oigo un autillo, parece venir desde la Isla del Pan, no tarda en replicarle otro en la misma dirección, pero más lejos. Comienzan a sucederse uno tras el otro con la misma carencia, como si fuese el eco.

Me sobrevuelan patos que entran desde el noreste. Se les oye el profundo aleteo; al echarse en la tabla de la Entradilla veo que son coloraos, con sus flancos y espejuelos blancos a la contraluz del ocaso.

Llegan alrededor de un centenar, a más altura vuelan otros que se alejan. Vienen del sur, sureste. Y van hacia la tabla del Descanso.

Los coloraos de la tabla no tardan en levantar el vuelo. Creo que los ha levantado un visitante que vi pasar antes cuando cruzaba las pasarelas camino del Maturro.

Abejarucos (Merops apiaster)

En esta zona sí hay ovas, que son su alimento principal. Es posible que esta sea la única zona del Parque en donde hay ahora caráceas. En los años setenta del siglo pasado aquí estaba la mayor población nidificante de pato colorao de España con miles de parejas. Con el deterioro del Parque y de la Mancha Húmeda su número fue disminuyendo. Con la puesta en marcha del Plan de Regeneración Hídrica de las Tablas a finales de los ochenta, la población se recuperó, aunque solo temporalmente. Pero siguen teniendo su querencia y, si Las Tablas tienen agua y tienen ovas, volverán a criar y a pasar el invierno.

Los gorriones morunos entran a dormidero entre el carrizo. Hacen tres grupos que se posan cerca el uno de los otros, hasta que finalmente se agrupan todos en uno, bajo una algarabía de cantos y aleteos. Tras caer la noche se hace el silencio al instante.

A lo largo de todo el recorrido he oído buscarla, ruiseñor bastardo, trigueros, pero nada de carriceros.

En la pasarela desde la Isla de la Entradilla a la Isla del Descanso, justo en la esquina hacía el balcón que hay en este tramo del itinerario, ha salido una mata de ranúnculo amarillo, como otros años, y está todavía pequeño.

Gracias a los últimos días de lluvia, esta zona está encharcada, con el carrizo nuevo brotando.

Vuelvo ya de noche, en el aparcamiento se queda una caravana, se ve luz en su interior. Alguien prepara la cena.

14 DE ABRIL DE 2019

Hace un par de días vi un vencejo volando por la calle Charcazo. Se ven algunos pero aún no ha llegado el grueso de nidificantes.

Tras unos días de lluvia el termómetro se va recuperando y vuelve a subir. Hoy sí se ve a los primillas volando por el centro. Han vuelto a surcar el cielo tras esconderse del frío de los días de atrás.

Esta tarde he ido al arroyo de La Cañada a ver si ya andaban por ahí los abejarucos de vuelta a su colonia de cría en el talud del arroyo. Y ahí estaban revoloteando alrededor de los árboles. Había en torno a una docena. Ya veremos qué tal va la cría. Se sigue viendo un montón de conejos por esta zona.

17 DE ABRIL DE 2019

Tras un par de días de calor y viento, aparecen las lluvias. Esta noche ha comenzado a llover, siguiendo los pronósticos, y para mañana se avisan tormentas por la tarde. Parece que la Semana Santa va a estar chunga para las procesiones.

Hemos estado un par de días en Madrid. Se ven vencejos volando muy alto, por encima de los edificios. Aquí no se la juegan a rozar las calles. ¿Habrán aprendido el peligro del tráfico?

Por el Manzanares, en el puente de Santa María vi una lavandera blanca.

En la plaza del Marqués de Vadillo las cotorras argentinas crían en las copas de los árboles donde construyen una estructura grande que ocupan varias parejas a la que acceden por agujeros, que parecen más una madriguera que un nido.

En el Manzanares también vi un ruiseñor bastardo, al que oía cantar, y bastantes aviones comunes, que parecían estar criando debajo del puente.

Esta mañana, de vuelta por Villarrubia, el viento soplaba fuerte, y los primillas lo aprovechaban para descolgarse de cara al mismo. ¿Todavía andarán sin emparejarse? Se oían abejarucos en vuelo.

A partir de pasado mañana se anuncia una bajada brusca de las temperaturas, lo que sin duda afectará a la fenología de plantas y animales.

En la terraza están brotando las fresas con bastantes flores, pero las que estaban junto al trébol, parece que no les ha sentado nada bien su compañía a juzgar por el desarrollo que manifiestan.

20 DE ABRIL DE 2019

Ayer estuvo toda la tarde lloviendo, de manera suave, pero continúa sin dejarlo. Falta hacía, la verdad. Así hoy amaneció muy nublado pero sin lluvia, por lo que la ocasión no podría ser mejor para salir tirando al campo.

Y me fui para San Cristóbal. Pocas cosas gratifican más que un paseo por el campo bajo una suave lluvia, de esa que moja pero no empapa. Vamos que no cala los huesos y sobre todo que no moja los pies. Claro que eso también depende de lo que lleves puesto. Uno, no mojándose los pies, va de lujo bajo el agua, oyendo su crepitar sobre las hojas, contra las piedras, contra uno mismo. Y de fondo lo que quiera que se deje oír.

Y eso es lo que había esta mañana, aunque por momentos la lluvia arreciaba, rompiéndose con virulencia contra el cuero de la cara empujada por el viento.

Se olía la humedad del terreno y se veía cómo la vegetación iba respondiendo en agradecimiento al cielo. Ya han salido las primeras orquídeas, moradas y brillantes, y las lavandas están en flor.

Las jaras se han quedado sin petalos por la lluvia que las ha azotado y el romero, que está echando nuevos brotes, las flores las tiene secas.

Por encima del Peñón del Moro, planea un buitre. Cuando he llegado a la valla de la finca de los Yebeneros, se han plantado cuatro muflones que subían por el cortafuego entre las jaras. Por un momento, ellos quietos y yo como una vela, nos hemos saludado con la mirada, poco antes de seguir al trote ladera arriba entre la vegetación. Dos machos y dos hembras. Están cambiando el pelo. Se les ve escamoteado. Se oyen disparos, tal vez vienen huyendo de la cacería.

Jilgueros, verderones, verdecillos, currucas. Veo entre la vegetación una hembra de curruca cabecinegra, se oyen mirlos en las arboledas de El Mirador. Unas ovejas pastan en la ladera al oeste de la ermita.

Después me he ido a ver el nido de imperial del Monte. Está igual que el año pasado, pero no parece estar ocupado, tampoco las veo volando por los alrededores. Sí a un ratonero posado en un aspersor de un campo de cebollas.

Por el pueblo son más numerosos los vencejos. Los primillas han desaparecido del cielo como de costumbre cuando hace «mal tiempo». A las siete y media de la tarde sigue lloviendo generosamente.

28 DE ABRIL 2019. EL NACIMIENTO

Hoy tocaba jornada electoral que había que combatir de alguna manera, así que tiré para la Virgen de la Sierra, para apostarme una vez más a los pies del Nacimiento.

De subida por la carreterilla del santuario, ya me sorprendieron cinco milanos negros volando a pocos metros del suelo, que cruzaron la carretera en dirección oeste. Están en migración. Más tarde los volvería a ver, no a los mismos, sino a otros que les seguían en la misma dirección.

Pasé por el santuario y menudo jaleo tenían las golondrinas por el patio, como no quería entretenerme demasiado, no me paré mucho a verlas y me fui rápido para El Nacimiento.

Llegando al lavadero, ahí estaban los milanos. Un grupo de una veintena cicleaba sobre mi cabeza, al tiempo que se desplazaban lentamente hacia el noreste.

Tras las lluvias, la primavera comienza a despuntar. A pesar de lo que ha llovido durante la semana pasada, el suelo se resquebraja bajo los pies, como si protestara reclamando más lluvia.

Hay mucho movimiento de pájaros, que andan metidos de lleno en lo que les concierne en esta época del año, que no es otra cosa que dar relevo a sus genes. Así que la orquesta natural está en todo su apogeo. Claro que hoy tenían difícil sobresalir sobre la música zíngara que unas familias de vecinos rumanos tenían a todo trapo en los merenderos donde estaban pasando el día. Luego Roberto me dijo que hoy estaban de fiesta y que celebran la Resurrección.

Carboneros, herrerillos, trigueros, ruiseñor, mirlos… son más que comunes. Hasta un cuco cruzó volando.

En la alameda de abajo se oye a la vistosa oropéndola. Como cada año se hace un viajecito para venir a criar hasta aquí, entre otros muchos sitios, claro. También en esta arboleda junto al arroyo suele sacar a su prole todos los años una pareja de abubilla en el hueco de un viejo olmo, el cuclillo, como la llamamos por el pueblo.

Aquí arriba, en El Nacimiento, todo parece detenerse, solo pájaros y el sonido del agua que se recoge para llenar los depósitos que alimentan el santuario. Si el año es generoso y llueve lo suficiente, también dará para que corra el arroyo, en ocasiones hasta llega a la carretera, y eso son más de dos kilómetros de arroyo.

Los pequeños mitos, ruiseñores cantando y las currucas. Vi un par de machos de capirotada entre las zarzas.

Las praderas se están llenando de multitud de plantas y los insectos van dando cuenta de ello. Algunos escarabajos de color verde metálico, no solo se ponen amarillos del polen de las flores de las jaras, sino que aprovechan el atracón para aparearse. Parece que les falta el tiempo y se entregan a ambas tareas al unísono.

Otros de color negro hacen lo mismo, pero en las flores de las margaritas. Cada especie con la que se relaciona y de la que dependen, una de ellas, la planta, para polinizarse, la otra, la animal, para alimentarse. Asociándose mutuamente.

Volando se ven vencejos, que ya han llegado en masa, por el pueblo también se ve un buen número surcando el cielo, vienen aquí desde sus colonias próximas a reponer fuerzas. Son unos pájaros increíbles, ¡como vuelan!

Desde El Nacimiento, se oían sapos en el arroyo. Por encima de Los Picones se veía a un grupo de buitres cicleando y ganando altura. Unos cincuenta conté. Volaban mezclados negro y leonado.

Seguí el camino hasta La Posadilla. Cambia la vegetación y cambian los pájaros. El viento hacía sonar a los pinos.

En algunos charcos del camino se ven huellas de algunas aves y jabalíes. Las cogujadas se ven en parejas.

Antes de alumbrar la curva que te asoma hacia La Posadilla, el silencio del viento lo rompían los rabilargos que andaban entre los pinos. Hasta hace relativamente poco tiempo no era habitual ver rabilargos por aquí. Es tan bonito como escandaloso. Y no tardan en dar la alarma en cuanto ven un intruso que se les acerca.

Frente a La Posadilla bajé por el valle. Trigueros, cogujadas, escribanos. Llegué a una zona del camino empedrada bajo las encinas. En un extremo se veía el remate de lo que debió ser una era de los pastores que andaban por aquí. Un cernícalo se cierne en busca de alguna presa y cuatro buitres, uno negro y los otros tres leonados, me cruzaron por el camino.

Entre los acebuches hay bastantes aceitunillas caídas y también en los mismos árboles. Parece que nadie da cuenta de ellas, tal vez aún poco maduras y demasiado amargas.

A lo lejos se oyen perdices. También las oí en El Nacimiento. Encontré muchas esparragueras por el camino, pero ni un esparrago, tan solo dos ya grandecitos y pasados. A ver si aprieta un poco el calor. Pero yo creo que necesitan más agua.

4 DE MAYO DE 2019

El tiempo se va estabilizando poco a poco. Las nubes que propiciaron tormenta hace unos días se van retirando. Y el sol calienta, pero tiene ese picor que anuncia la tormenta que le sucederá.

Por la tarde había una luz espectacular. Así, se veía toda la llanura manchega, desde San Cristóbal, donde eché gran parte del rato en buscar espárragos, subiendo por la ladera. Con poco éxito la verdad. Las lluvias tardías, y estando ya en mayo, pues hacen que verse, se vean pocos, a pesar de las muchas esparragueras que hay.

Subiendo por la sendilla, se ven parejas de cogujadas y se oyen verdecillos, jilgueros, mirlos. Un cuco oí a lo lejos y las golondrinas y vencejos son frecuentes. Los últimos olivares próximos al monte y con poca labor están acompañados de lavandas y retamas amarillas. Más verderones y verdecillos, antes de entrar entre los chaparros a ver a las currucas.

A la vuelta en uno de ellos me encontré con curruca mirlona macho, acicalándose el plumaje. Ha hecho un largo viaje desde África, para venir a criar.

Un macho de alcaudón posa en lo alto de una pequeña encina. La luz de hoy daba un brillo especial a Las Tablas desde aquí y a toda la llanura.

Mañana volveré a subir con toda la familia, por la cruz de mayo, el día del hornazo. Es la romería más antigua del pueblo. Cuando era niño no dejábamos de subir a la Cueva de los Lobos y al Peñón del Moro. Ahora hay más tráfico rodado que caminantes y ya no se puede subir ni a la cueva ni al peñón. Es lo que tiene el progreso, que diría aquel. Aunque en ocasiones el progreso sea más retrogrado que el propio pasado. Entonces cuando subíamos andando por la vieja sendilla, antes de que existiera un camino asfaltado y un mirador hormigonado, se podía ver cómo la vieja ermita nacía de la misma roca madre del cerro, que usaba como cimientos, y un prado que ondulaba por el viento, siempre presente aquí arriba, verde en primavera y en invierno, y ocre en verano tras sufrir el estío. Ahora ya no existe, pero pueden disfrutarse esas pequeñas manchas de vegetación en las zonas más llanas bordeadas por cuarcitas y que aparecen unos metros más debajo de la ermita y otros tantos más arriba de la misma y que no por su pequeña extensión dejan de ser espacios de gran valor por la vegetación de sus pequeñas plantas y los insectos que alberga. Si el año es generoso en lluvias, su vigor nos hará recordar los prados de alta montaña. Pero en La Mancha.

Sapo corredor (Bufo calaminta)

11 DE MAYO DE 2019

La temperatura sube y ya parece entrar casi el estío, aunque aún ha de cambiar el tiempo.

Llevo un par de noches viendo volar una rapaz desde la terraza y oyendo como un quejido agudo a lo lejos. Era como un gato pequeño, pero no era un gato, tampoco era una lechuza. Tenía pinta de ser una rapaz nocturna, pero no sabía qué era.

Los primillas siguen volando por el centro. Estarán criando entre la iglesia, la casa de los Díaz, y por donde Pulguitas, no los he visto como otros años en el tejado de la huida del ascensor de su casa.

Los vencejos ya cruzan resonando las calles en grupo, veloces y acrobáticos. Es impresionante el dominio del medio que tienen. Son como fórmulas uno en un circuito, girando y quebrando, todos al unísono entre las fachadas, tejados y esquinas.

Las golondrinas siguen con sus cotorreos matutinos y a la caza de insectos.

Algunas tardes se oyen abejarucos, que vuelan a cierta altura a la caída de la tarde.

Ayer estuve con Rebeca cogiendo rosas en la calle del Verde. El solar está hecho un prado, con gramíneas y otras hierbas, como el amor del hortelano, que llega a alcanzar el medio metro largo, lo que propicia el encuentro con multitud de insectos, escarabajos, tijeretas, mariposas… Está plagado de ellos. Qué importantes estas pequeñas islas de biodiversidad en nuestro pueblos y ciudades, lejos de los que piensan en que es broza, malas hierbas o no sé qué. Mientras cogíamos las flores, se oían abejarucos en vuelo y hasta una ganga, ya a la caída de la tarde.

Por la tarde hemos ido a la Virgen y, como no podía faltar a la costumbre, subí al Nacimiento. No llevaba ni las gafas, ni los prismáticos. Así que sufrí las consecuencias.

Vi a un escribano montesino, se oían abubillas, mirlos, trigueros, oropéndolas y hasta un autillo. Las plantas del año brotan y echan sus flores. Pero el suelo sigue seco.

En el patio del santuario, la colonia de golondrinas continúa a lo suyo, se ven nidos donde están incubando varias parejas juntas en las vigas de madera de las galerías. Otras aún continúan en la tarea de ir terminando o reconstruyendo el nido, trocito a trocito de barro.

El tiempo fresco y húmedo de atrás les ha debido parar en su quehacer reproductor, incluso es posible que se haya malogrado alguna puesta. Pollos no he visto en ningún nido, solo incubando.

Durante el paseo, la tía Beni me ha estado contando cosas de su infancia y juventud.

De edad de ocho o nueve años, allá por finales de los 40 del siglo pasado, dice que pasaba la primavera en casa de la tía Rosa, que tenía en El Allozar una casa. Era una prima de su abuelo. La casa de recreo y de labor tenía dos pisos de altura.

Me cuenta cómo allí iban su madre y sus dos hermanas y a veces su padre, que como le gustaba la caza les suministraba la carne necesaria para toda la temporada que allí estaban.

Me cuenta que bebían agua de la fuente de la Teja, que era clara y de excelente calidad y que había una alameda y un terreno de labor. Pero ellos no tenían casa, la casa era de su tía, que se la dejaba para pasar la temporada.

En burro bajaban al pueblo de vez en cuando, o en carro, para cocer pan que luego se llevarían para la finca. Estaban allí durante los meses de abril y mayo y cuando entraba el verano se bajaban al pueblo.

Solía haber huerta, regada por el arroyo del Allozar y me cuenta con entusiasmo lo buenas que eran las patatas, las habas tiernas, las judías y los tomates. Los hortelanos bajaban al pueblo a vender lo que no consumían.

También recuerda la fuente de la Mina, de la que ya había oído hablar a mis abuelos y padre. Y de cómo el agua permanecía con una quietud imperturbable, que dejaba ver el fondo de piedra como si no hubiese agua.

La añoranza recorre sus palabras. Hace unos años un vecino la subió junto a su hermana Pili y alguna vecina más. Cuando llegó a donde sus recuerdos recobraban vida, se llevó una gran desilusión, pues ya nada quedaba de aquello que vivió tan gratamente. Nada quedaba del arroyo de aguas cristalinas, de las alamedas. La casa donde pasaba la primavera no era más que un montón de piedras.

Recuerda cómo el agua de la Mina, tras caer por una pequeña cascada se entubaba para abastecer a Villarrubia y a Daimiel. Hasta no hace mucho podían verse los restos de estos tubos en el puente del Gigüela por la carretera que va hasta Daimiel.

Me contó también cómo en otra ocasión, siendo ya más mayor, subió una tarde a merendar, a la que invitaron a una maestra del pueblo, doña Mari Cruz, a la que le hablaban de lo guapo de un pariente de su familia.

Y de cómo al ver a mi tío Antonio, hermano de mi abuelo Vicente, que por aquellos años eran guardas del Allozar, con una camisa blanca y un chaleco negro, doña Mari Cruz exclamo: «Este paisano vuestro sí que es guapo y no ese otro fulano del que me habláis». Atributo del que da fe la tía Beni.

Lástima que todo eso se haya perdido. Decimos que ahora vivimos mejor, con más adelantos, dicen los mayores del pueblo, pero cuánto no daría por un paseo en burro hasta llegar al Allozar y beber agua de la fuente la Teja, y saborear un tomate de las matas que crecían a sus pies y hasta podría, como me contaba mi abuela, ver algún lince campeando.

15 DE MAYO DE 2019. SAN ISIDRO

La temperatura anda alta durante el día. Hemos llegado a los 35° C y las noches son ya más cálidas de lo deseable.

Anoche salimos de dudas sobre el origen de ese sonido agudo que era de rapaz, pero que no era de lechuza. ¡Búho chico! Dos ejemplares volaban en un radio de unos 200 metros frente a casa. A veces volaban juntos y otras se separaban. Se replicaban mutuamente el uno al otro, con un agudo y profundo cheeeerk, y que podía oírse si estaban más cerca o más lejos el uno del otro. Los vi posados en tejados, antenas, y en la palmera de la calle Jijones, sin parar de reclamar uno al otro.

20 DE MAYO DE 2019

Nublado, pero con la temperatura subiendo. Ayer vimos los búhos chicos de nuevo. No paran de replicarse. Y se mueven porque se aprecia cómo varia la distancia por el sonido. ¿Pero qué hacen por aquí?

Uno de ellos vino volando hacia la terraza, donde estaba sentado, lanzó un grito que me percató de su presencia, si no ni le veo, y eso que pasó a poco más de dos metros sobre mí. Se posó en la antena del tejado de casa y ahí estuvo un rato, reclamando y siendo respondido por el otro al que se le oía como por la calle Soledad. Al rato voló hacia la calle Charcazo y se posó detrás de las casa de los Pérez-Cacho, desde ahí se oía a la vez que la réplica del otro. Más tarde se alejaron. Poco después, uno de ellos debió volver por aquí porque se le oía más cerca. No es nada fácil verlos a no ser que pasen cerca del halo de luz de alguna farola.

Ahora a mediodía desde la ventana cerca de la que escribo oigo como pollos de oropéndola. Pero no he visto oropéndolas por aquí. Será algún tordo que las está imitando. Lo llevo oyendo varios días. La verdad es que con sus imitaciones los tordos nos anuncian los pájaros que se han cruzado a lo largo del día, tan pronto le oyes cantar como una perdiz o como una tórtola.

21 DE MAYO DE 2019

Esta noche solo oigo a uno de los búhos chico, está más lejos. Pero se mueve, porque el sonido llega de distintos sitios. Una lechuza le acompaña en la noche.

Por el día, aviones, golondrinas, vencejos y primillas copan el cielo junto a los tordos en los tejados y el gran y excesivo número de palomas. En vuelo pasan también gorriones y verdecillos. Gorriones es cierto que se aprecia su anunciado declive, se ven menos que años atrás.

Sigo oyendo pollos de oropéndola, bueno, a los tordos imitándolos.

Buho chico (Asio otus)

27 DE MAYO DE 2019

Ayer domingo y el viernes estuve viendo el nido de imperial del Monte. Solo hay un pollo y ya está con plumas, cañones en el brazo y antebrazo, que pintan de color negro sobre el blanco plumón.

Uno de los adultos estaba al lado del nido. Al poco salió volando. Es un adulto con plumaje de más de cuatro años. Los hombros son blancos. El pollo debe estar entre la quinta y la sexta semana, a juzgar por el plumaje.

Estuvo comiendo algún resto que tenía en el nido y, tras levantarse y estirarse sobre las patas, se agachó para desaparecer dentro del nido.

El domingo por la mañana no vi al pollo, los padres estaban campeando alrededor del nido, uno de ellos más cerca y a cierta altura. Por debajo de él se cruzaban cernícalos cazando.

A uno de los búhos chico lo he vuelto a ver por la noche, ya están más dispersos y no lanzan tantos reclamos, se les oye más lejos. Vuelan a cierta altura sobre los tejados, más alto que las lechuzas, que lo suelen hacer a ras de los mismos.

2 DE JUNIO DE 2019

El calor aprieta como si ya fuese verano, por la tarde llegamos a los 35º C, vamos, como para pensarse lo de salir al campo.

A eso de las seis de la mañana las primeras luces me despertaban y no tardé mucho en levantarme y pensar a dónde iba a ir a parar con mis huesos.

Me aventure hacia la Colada de los Santos, a ver cómo andaba aquello.

Salté la carretera a la altura del kilómetro siete, a ver si a través de alguna senda me llegaba hasta la colada. Pero, tras andar monte arriba, monte abajo un rato buscando la susodicha, no tuve más que volver por donde había venido y encontrar el camino desde su inicio.

Encontré un asta de ciervo en perfecto estado, no ha de llevar mucho tiempo en el monte y tal vez no ande muy lejos la compañera. Bajo el puente de la carretera, en este punto, anida una pareja de golondrina daúrica. No es la primera vez que la veo aquí, suele volver año tras año. Uno de los padres daba vueltas alrededor del nido, pasando bajo el puente.

La alberca que recoge el agua del arroyo, que tiene allí Ramón, está llena de agua y recoge un hilo de agua a través de una tubería de plástico.

El monte está bastante agostado, con el pasto seco, pocas flores y la tierra polvorienta, a lo que se sumaba el calor de hoy.

Vi cruzar volando un milano, los mirlos se dejaban oír entre la vegetación.

Volví al coche para subir hasta el alto del Puerto y desde ahí tomar la colada.

A la primera revuelta del camino, me encontré con un ciclista que subía. Hay que tener fuelle para subir por aquí, a pedal digo, no a pedal y motor como se les ve a algunos. La anchura de las coladas es variable, pero esta es mínima en este tramo, tan solo una senda de poco más de medio metro, que está muy por debajo de la anchura legal en cualquier caso para esta vía pecuaria y que hace que uno se tenga que apartar si se cruza con los ciclistas o caminantes del momento.

Conforme se va bajando por el valle hacia el arroyo de los Santos, la colada adquiere mayor encanto, más aún si el arroyo lleva agua, lo que no era el caso. Tras cruzar sobre el arroyo, la vegetación de ribera predomina: fresnos y chopos recorren los márgenes del arroyo entre zarzas, la vegetación característica del bosque de galería.

Como el calor apretaba y la subida de vuelta prometía, decidí no bajar demasiado, llegando hasta las primeras casas que hay junto a las de Matas de la Iglesia. De buena gana habría seguido hasta el final, pero el calor me hizo desistir, no sin antes llevarme una grata sorpresa con una curruca carrasqueña y un cuervo en vuelo.

Me senté un rato bajo unos chaparros frente al arroyo. Se oían sapos cantar y multitud de pájaros. En las alturas planeaba un buitre leonado en solitario, al que más tarde se le sumaron dos más.

Aparecieron en escena un par de ejemplares de trepador azul que se movían por los troncos de unos chaparros haciendo piruetas, cabeza abajo, de lado, corriendo sobre el tronco, haciendo alarde de su nombre. Diría que esta especie ha ido en aumento en nuestros montes. Cerca también andaban los mitos.

De vuelta, tal y como ya presumía, la pendiente agitaba la respiración y apretaba el fuelle.

Lástima que esté todo tan seco, en otoño la colada ha de prometer más si el tiempo acompaña.

Volví por la carretera hasta el otro tramo de la colada, el que lleva hasta cerca de la huerta Jalúa. Llegué hasta el arroyo, donde se mantiene una pocita con agua. Un pequeño reguero la alimenta y cauce arriba crecían ranúnculos entre los que tomaban el sol algunas ranas.

Tocaba hora de volver, el calor apretaba.

8 DE JUNIO DE 2019

Menudo palo me he llevado hoy mientras pasaba por la circunvalación. Me encontré con una rapaz muerta en la carretera. Tras bajarme del coche y acercarme al pobre bicho, se confirmaron mis sospechas, lo agarré y lo saqué a la cuneta. Era uno de los búhos chicos que cada noche veíamos por el pueblo. Estaba recién muerto, debió atropellarlo un coche esta misma noche. Lástima.

Estuve viendo el gran pabellón auditivo que esconde bajo las plumas de la cabeza.

Releyendo a Noval, en febrero ya ocupan sus zonas de cría y en marzo ya están establecidos en los nidos, con un periodo de incubación de 25 a 27 días. Tras 23-25 días abandonan el nido sin que lleguen a volar.

Me cabe la duda de si los que veía eran una pareja o un par de jóvenes nacidos en el año. El 15 de mayo fue la primera noche que los vi, pero ya venía oyéndolos al menos una semana antes. Si contamos hacia atrás sesenta días, estaríamos a primeros de marzo. Tal vez demasiado pronto para que fueran pollos del año y se tratara de una pareja.

Quizás futuras observaciones nos hagan salir de dudas. El tiempo lo dirá.

15 DE JUNIO DE 2019. EL NACIMIENTO

Algunas nubes y la temperatura subiendo, aunque de momento no llegamos a los 30º C.

A la caída de la tarde me fui para la Virgen, hacia El Nacimiento. Todo está muy tranquilo. Las golondrinas cazando insectos al vuelo, las oropéndolas cerca del Ave María, donde vi un par de ellas. Y pocos pajarillos a los largo del camino. La vegetación ha crecido desde la última vez que estuve por aquí. Los almendros tienen fruto, los acebuches están en flor y el madroño de la cabecera del arroyo tiene frutos del tamaño de guisantes. En las praderas del Nacimiento, los insectos dan buena cuenta de las flores, como los escarabajos cardenal de color rojo fuerte. Otros de igual morfología son más anaranjados y tienen puntos negros como las mariquitas. Se oyen mirlos y alguna curruca. Pero por lo general hay poco movimiento. Un ruiseñor canta y lo veo entre la vegetación del arroyo, junto a los depósitos del agua, más tarde aparece otro y una curruca capirotada.

En la alambrada estaba posado un carbonero. La tarde caía y la luna llena asomaba tras la montaña por el este. Las golondrinas seguían volando cerca del santuario. Este año parece que están criando muy bien, ya se ven pollos totalmente emplumados y volando posándose en las barandillas del patio.

Por el pueblo también se ven ya pollos de golondrina volando. En casa de Pilar, uno de ellos se cayó del nido y lo han estado alimentando los padres en el suelo. Volaba un poco, pero tras una semana ha salido adelante. Otros dos quedaban en el nido cuando cayó.

A la caída de la tarde se ve volar a los primillas.

18 DE JUNIO DE 2019

El calor empieza a apretar, aunque hacía un viento agradable en la tarde que paró por la noche.

He visto a Ángel Moya, que está trabajando en las ilustraciones para un Life sobre el águila bonelli que dirige Grefa. Me ha contado que hace un par de días, cogiendo hojas de morera para los gusanos de seda de uno de sus hijos, por el camino de Las Tablas, descubrieron a un búho chico posado en uno de los árboles. Sería uno de nuestros compañeros nocturnos.

He ido con Rebeca a ver el nido de imperial del Monte, pero no hemos visto nada de movimiento. El pollo ha de estar ya volando con los padres. Pero ni rastro de unos ni de otros. Otro día volveremos a ver.

20 DE JUNIO DE 2019

Por la tarde en la sierra había muchos ciervos en los claros, de todas las edades. Vi una víbora de buen tamaño atropellada en la carretera, estaba partida en dos.

22 DE JUNIO DE 2019

La temperatura sube, esta tarde ya se ha dejado notar y para el fin de semana se anuncian temperaturas superiores a los 40º C. ¡Qué horror! El verano manchego de siempre, aunque ya casi nos hemos chupado junio y de algo nos hemos librado.

He ido por la tarde a dar un paseo por la carretera de Urda. Veo este año muchas cogujadas, han debido criar bien, las veo en parejas y en grupos de tres o cuatro.

Oropéndolas y mirlos en el arroyo de los Santos, ruiseñor, mito y un escribano montesino. Un arrendajo me cruzó entre los olivares. Vi un fásmido inquieto con forma de palo de color verde, se movía rápido. Era idéntico al que hace unos días vi con Rebeca en el rio, pero este era del color de las plantas secas en la que se encontraba, de amarillo pálido (*Pijnackeria hispanica*).

28 DE JUNIO DE 2019

Hoy el termómetro empezó a hacérnoslo pasar mal, llegando a los 43º C. Por el norte aun es peor, aunque no lo parezca, y en Francia, en Montpellier, han llegado a casi los 46º C, casi nada. El clima acabará con nosotros, hace demasiado calor.

Por la noche salimos a dar nuestro particular paseo nocturno en bicicleta. A la salida por la carretera de Las Tablas, se nos cruzó una musaraña, que fue el tema de conversación del resto del paseo y que se prolongó hasta las doce de la noche.

Ayer por la tarde encontramos muchos pollos de vencejo caídos del nido, algunos con las plumas en los cañones y otros a punto de volar. Lo tienen crudo para sobrevivir con este calor y humedad una vez que caen al suelo. Pero esto también forma parte de su biología, y sin duda la especie cuenta con ello, aunque les ayudemos en su desempeño.

30 DE JUNIO DE 2019

Continúa el calor, aunque han bajado un poquito las temperaturas. Las siestas son de aúpa. Pero es lo que toca.

Esta mañana los niños, Rebeca y Roberto, llamaron mi atención sobre un vencejo que aleteaba en mitad de la calle sin poder remontar, como no podía ser de otra manera.

Lo recogimos. Estaba perfectamente emplumado, con todas las plumas nuevas. En la primera rectriz derecha aún se apreciaba el cañón.

El plumaje precioso, grisáceo con tonos metálicos al contraste con la luz, la gran boca de color rosáceo y una gran garganta. Los bordes de todas las plumas están rematados en blanco salvo las rectrices. La cabeza forma un uno con el cuerpo rematado en la cola. Es un pájaro increíble en la mano. Las cuencas oculares están hundidas en el cráneo, haciendo sobresalir los globos oculares. Esta morfología es la que les permite ver en vuelo cuando abren sus grandes mandíbulas rematadas en un pequeño pico al final y con las que captura pequeños insectos en vuelo, el llamado aeroplacton.

Las patas son minúsculas, con unos pies con dedos pequeños y largas uñas que les facilitan agarrarse a paredes, árboles o riscos en los que anidan. Y las alas son totalmente aerodinámicas, con las primarias muy largas. Le hemos dado un empujoncito y ha salido volando. Otros no tendrán tanta suerte.

Todos los años caen muchos atropellados, o simplemente mueren por inanición, los padres al no poder posarse en el suelo, tampoco pueden alimentarlos.

14 DE JULIO DE 2019. EL NACIMIENTO

Más calor haciendo de las suyas, no bajamos de los 35° C y de noche de los 22-25° C.

Así que amanece pronto y anochece tarde, con lo que conciliar el sueño se hace latoso y difícil.

A eso de la siete y media, me fui para la Virgen de la Sierra, camino del Nacimiento.

Dos ciervos pequeños me cruzaron la carretera cuando subía. Uno de ellos apenas tendría meses, a juzgar por el tamaño.

Llegué al Nacimiento cuando aún no le daba el sol, solo en la cumbre se teñía la vegetación de amarillo, con la temperatura fresca y agradable. Las golondrinas cazaban insectos a ras del camino, dando pasadas arriba y abajo a la altura de la salida de los depósitos del agua.

Ya se ven juveniles de distintas especies. De alcaudón común he visto bastantes, de mirlo, de arrendajo, de herrerillo y carbonero.

Alguna curruca capirotada y, en los pinos, un grupo de piquituertos, entre los que había juveniles, por lo que creo que pueden haber criado por aquí cerca.

Más tarde aparecieron cinco buitres, uno de ellos negro y los otros leonados, dieron un par de vueltas y continuaron hacia el este.

Seguí por el camino de arriba hacia Los Picones, entre los pinos una curruca mosquitera. Abubillas, arrendajos y algunos alcaudones juveniles. Uno de esos escarabajos rojos con puntos negros daba cuenta del polen de una achicoria. Más golondrinas y gorriones y más alcaudones, uno de ellos real.

Los acebuches, se van extendiendo y van ganando terreno alrededor del santuario. Por encima del lavadero al otro lado de la alambrada, hay un grupo compacto y a este lado ya aparecen varios ejemplares que se van abriendo paso ente los pinos.

En la parte de debajo de la explanada pasa lo mismo, se van extendiendo.

16 DE JULIO DE 2019

Seguimos con calor extremo. Por la noche parece que hoy bajarán un poco las temperaturas y nos darán un ligero respiro durante un par de días. Hoy hemos disfrutado de un eclipse parcial de luna.

Salimos con la bici, y hemos visto cómo un gato daba buena cuenta de un pequeño murciélago.

Alejandro me ha puesto un correo avisándome para el jueves de la última jornada del Paser. A buenas horas. Con eso de que se ha jubilado, pues ya no programa los fines de semana. Otro año cerrado en blanco en La Quebrada, lo que da más que fastidio. A esperar al año próximo.

20 DE JULIO DE 2019

Ayer fui a echarle un vistazo al nido de imperial del Monte. Y ahí estaba el pollo todo emplumado de pie en el nido.

No vi a los adultos, solo golondrinas comiendo insectos a ras de los rastrojos.

30 DE JULIO DE 2019

Tras unos días refrescando, el termómetro se anima de nuevo. Hubo un día de tormenta y luego bajó la temperatura, pero ya remonta, de momento sin llegar a los cuarenta grados de las semanas pasadas.

Hoy hemos estado Rebeca y yo en Renales. A la piscina también han acudido un grupo de jóvenes golondrinas a beber. Junto a ellas volaban en busca del agua un par de aviones común y una daúrica. Las tres golondrinas que se pueden ver aquí en un mismo grupo, qué lujo. También andaba por allí un pito real, debajo de una de las higueras.

Me cuenta mi tío Félix cómo hace unos cuarenta años estuvieron en la sierra cerca de Peña Morejón pescando y comiendo lampreas de un arroyo. Entonces toda la cuenca hidrológica estaba conectada y los peces subían por los cauces. No en vano, en los primeros años de Las Tablas como Parque Nacional, se prospectaban los arroyos de la sierra en busca de la ictiofauna de la cuenca del Guadiana.

Paco G. Porro también me contaba hace unos días cómo descubrió un nido de lechuza campestre cerca de Las Bachilleras, en la huerta del «Manchao».

Rebeca dice que ha visto un águila grande volando alto cuando estaba en la piscina.

8 DE AGOSTO DE 2019

Hace al menos una semana que los vencejos se marcharon, antes de empezar agosto. Tampoco veo a los primillas desde hace unos días.

El tiempo sigue seco y sin más perspectivas.

16 DE AGOSTO DE 2019

Sube la temperatura, otra vez a 38° C, menos mal que por la noche refresca.

Por la mañana las golondrinas cotorreaban en las antenas de televisión y se perseguían en vuelo. Les está entrando el instinto migratorio, se preparan para marchar. Los aviones comunes ya se fueron. Ya no los veo por el pueblo.

Por San Cristóbal esta mañana se veían carboneros y algunas currucas, y posados en los cables de la luz algunos abejarucos, a los que también se les está despertando el instinto migratorio. Pronto aquí en el pueblo solo quedarán los tordos y las palomas sobre los tejados, algún gorrión y alguna de esas lechuzas que se dejan ver entrada la noche.

18 DE AGOSTO DE 2019

El termómetro no se enfría, esta noche ha sido de las que se comentan hasta bien entrada la mañana.

He ido por el carreterín de Las Tablas y he visto alguna golondrina volando en solitario, la mayoría ya han partido, ahora se verán las que bajan del norte.

Zorro común (Vulpes vulpes)

Anoche voló cerca de la terraza una lechuza. Me venía de frente y al moverme en la oscuridad, me vio o me oyó y cambió su trayectoria.

19 DE AGOSTO DE 2019. EL NACIMIENTO

Ha bajado algo la temperatura, pero continúa el calor. A las diez de la mañana había 25º C, así que el día invitaba a salir al campo, cuando aún no había otra pretensión para pasar el día.

Me fui para la Virgen, a ese santuario particular que encuentro en El Nacimiento, y en el que se pasan las horas sin darte cuenta.

A eso de las diez y media el sol ya calentaba lo suyo. En el patio, de la colonia de golondrinas solo quedan los nidos como únicos testigos de su presencia. Fuera se oían y veían alguna más.

Subía hacia El Nacimiento y algunas más revoloteaban por el camino haciendo acopio de alimento entre los insectos. Buitre negro y buitre leonado empezaron a sobrevolarme y así continuaron todo el rato que estuve por allí, volando entre Los Picones y El Alamillo.

Los abejarucos también estuvieron revoloteando por la zona todo el tiempo, haciendo vuelos rasos y rápidos. Se preparan también para su viaje. Mirlos sobre todo y arrendajos me fui encontrando por el camino.

Llegando al Nacimiento levanté un grupo de cuatro perdices que saltaron la valla al vuelo y que sesteaban a la sombra de la caseta del agua.

Las zarzamoras, aunque pequeñas, son abundantes, la mayoría rojas, de las que dan cuenta las currucas, como un macho de cabecinegra que observé comiéndoselas. Herrerillos, mitos, escribanos me estuvieron acompañando.

Una curruca mosquitera se encargaba de las semillas de un labiérnago.

Del paso hacia el arroyo bajo el madroño, salió un zorrillo, del que apenas me percaté y que se volvió a meter en el arroyo por otro paso cercano bajo las zarzas.

Está todo muy seco, por el arroyo no corre agua. Y se ven pocos insectos, la mayoría mariposas. También les habrá afectado la sequía y las altas temperaturas.

Por el parador no vi ni oí las oropéndolas ni a las abubillas habituales. Pronto ya no quedarán nidificantes. Llegarán los pasos y los invernantes, si es que hay invierno.

24 DE AGOSTO DE 2019

Aunque hace calor por el día, sobre todo por la siesta, esto ya no es julio. Por las noches refresca bastante y se agradece. Para mañana se anuncian cambios con lluvia.

Todavía se ve alguna golondrina por el pueblo y por el campo. Ayer por la tarde en la Dehesa Boyal y esta mañana chinchorreando en la calle sobre los cables de la luz.

El otro día me contaba mi tío Félix que cuando eran jóvenes, allá por los cincuenta del siglo pasado, iban a las Yeseras, por Los Ojuelos y por El Lote, y que, como esta zona se inundaba, al retirarse las aguas en verano, las pozas que se originaban con la retirada del yeso se llenaban de agua que al estar comunicadas con el Gigüela por zanjas, se quedaban llenas de carpas y que iban y las pescaban con la mayor facilidad.

Nada queda ya de eso. Solo el testigo mudo del paisaje y el recuerdo de los que lo vivieron. Se siguen oyendo abejarucos en el aire.

26 DE AGOSTO DE 2019

Esta tarde el cielo se ha teñido de azul cobalto y al caer la noche del juego de luces que las tormentas que se acercaban por los cuatro puntos cardinales propiciaban, con lo que el verano va tocando a su fin. Refresca bastante por la noche y la intensidad del sol va bajando, a la vez que las horas de luz.

Ayer por la mañana subí a la sierra, ya bien entrado el día, después de la diez y media. Bajé desde el Alto el Puerto por la Colada de los Santos, hasta el valle del arroyo del mismo nombre.

La zona baja del valle es muy interesante para sentarse a ver pajarillos: currucas, carboneros, herrerillos, mitos…

Un mito se acicalaba el plumaje en lo alto de un rosal silvestre, era un juvenil, de este año. También vi un herrerillo capuchino, que ha de criar por aquí.

Tras estar un rato bajo la sombra de los chaparros a la caza y captura de cuanto se pusiera delante de mis binoculares, levanté el puesto a eso del mediodía. Al salir de la sombra al solano, el suelo parecía una estufa, desprendiendo un calor que para nada me iba a ayudar en la subida.

La hojarasca crepitaba al pisarla como si fuese corcho o galletas de fino barquillo.

Eso se traduce en menos vegetación, menos flores, menos insectos, peor cría de los pájaros.

Y parece que el año que viene será también seco, al menos eso se intuye a juzgar por la cabañuelas, que a principio de agosto no dieron muestra alguna de lo contrario.

Se siguen viendo abejarucos y alguna golondrina. La noche está fresca y las tormentas asoman por el horizonte, por el sur y el este.

He visto al primer petirrojo de la temporada.

27 DE AGOSTO DE 2019

Esta mañana por el polígono me crucé con un vencejo volando, muy gris, y con el primer colirrojo tizón. Se avecina el cambio de estación.

1 DE SEPTIEMBRE DE 2019

Aunque por la mañana refresca, por la tarde el calor sigue apretando y por noche el bochorno aumenta, fastidiándonos a la hora de dormir.

Amanecí pronto, pero hasta las nueve no conseguí salir de casa, para tirar para Las Tablas, a ver cómo estaba el Parque, que se aventuraba seco y a ver cómo iba eso de los pasos postnupciales, que es lo que toca en esta época del año.

Nada más girar hacia el Guadiana a la altura del Molino de Griñón, me encontré con medio centenar de gansos que pastaban en un rastrojo junto a algunos azulones. Otros volaban en bandos por encima. Algunos o muchos de estos serán los que se han establecido en el Parque durante todo el año y que han nacido en cautividad.

El Guadiana está completamente seco, ya no queda nada de agua, algunas bandas de tordos vuelan y se posan sobre los tarayes.

Desde lo alto de la carretera, el río Guadiana asoma con algunos charcos, pero la gran mayoría del cauce está sin agua.

Llego al Centro de Visitantes, cuatro coches y una caravana se ven en el aparcamiento. Me voy para La Torre de Prado Ancho. El Embarcadero está totalmente seco y la trocha que da paso al Tablazo cerrada por la vegetación. Veo papamoscas, zarceros y mosquiteros.

Varias golondrinas vuelan cazando insectos, se me aventura que son algo mayores que las que habitualmente vemos, ¿serán más norteñas?

Continúo hacia La Torre, por los tarayes del camino revolotean zarceros, mosquiteros, papamoscas gris, papamoscas cerrojillo, que saltan de uno a otro lado del camino, de taray en taray, o desde las piedras del borde del sendero atraídos por algún insecto. Veo un petirrojo haciendo lo propio, saltando del camino a los tarayes y desde los tarayes al camino.

Me encuentro con varios mosquiteros papialbo. Buscarla y buitrón sobre el carrizo, a un macho de tarabilla en su posadero, oteando el horizonte.

El paseo está entretenido persiguiendo a los papamoscas y a los mosquiteros.

Llegando a La Torre, veo varios buitres sobre la Isla de Algeciras. Al principio son dos, más tarde se van sumando más hasta llegar a contar doce, entre leonado y negro. Cogen una térmica y se ponen a dar vueltas.

El Tablazo está seco, con el carrizo despuntando y en el resto de las tablas centrales ni un atisbo de agua, lo que no impide que aquellos que mantienen en su impronta este lugar vuelvan como cada año a descansar o a reponer fuerzas para el viaje, o a pasar el invierno.

En eso andan el papamoscas cerrojillo o la curruca mosquitera, que también se dejan ver estos días.

De vuelta por el itinerario de La Torre, continúa la danza de mosquiteros y papamoscas entre las ramas de los tarayes.

En el cenit, a lo alto, planea un ratonero. Y poco más adelante sobre el horizonte un par de cigüeñas negras que deciden, tras dar unas vueltas, continuar río abajo, hacia Puente Navarro.

Llegando de nuevo al aparcamiento, ahí siguen las golondrinas, volando raso sobre la vegetación y a pocos centímetros del suelo, avituallándose para el viaje. Les acompañan alguna golondrina daúrica y avión común.

Durante el itinerario se me han cruzado varios ejemplares de avión, algunos muy grises, son jóvenes de este año.

Continúo hacia la Laguna Permanente, ya empieza a apretar el sol y el calor brota de la vegetación.

Se agradece llegar hasta el bosquete de álamos blancos y olmos que rodean el itinerario poco antes de llegar a la laguna.

El acceso al segundo hide continúa cortado, la pasarela que llega hasta el mismo, en su tramo que estaría sobre el agua, está rehundido. Me pregunto por qué no lo han reparado aún. ¿Falta de presupuesto?

Una pintada en la puerta del primer observatorio con fecha de febrero me dice que hay algo de dejadez o una injustificada intención de perpetuar el vandalismo.

Desde aquí se ve la laguna y el cauce del Guadiana totalmente secos, solo interrumpido por algunos reservorios de agua en los que se apostan un grupo de una veintena de cigüeñas. Las acompaña alguna garza real. Casi en el horizonte aguas abajo, vuelan en torno a una térmica, a media altura, un gran número de cigüeñas.

Los mimbres de la Isleta de los Gambeta dejan ver sus raíces manchadas del blanco del salitre, al igual que algunos troncos de taray en cuyas ramas descansan blanquecinos los nidos de cormorán.

En un charco de poco más de un metro y algo profundo, un par de tarros blancos intentan sacar algo de alimento. Se les acerca un flamenco con plumaje grisáceo, de juvenil, también intenta sacar lo suyo en los charcos de fango que quedan en el cauce del Guadiana. No deja de ser una imagen un tanto tétrica, un charco para sobrevivir.

En los tarayes del centro se posan algunos jilgueros, papamoscas gris. Una lavandera boyera corretea por una orilla agrietada y reseca sobre la que despunta algo de vegetación.

En los playazos que aún quedan se ven chorlitejos, están muy lejos y no llego a distinguir si son chico o patinegro entrando ya para el invierno.

Siempre dije que el Parque tenía su encanto incluso seco, y así es. No te deja indiferente, como en el día de hoy. Las aves están ahí fieles a su encuentro, a su parada de fonda y posada. Estarán más o menos días, en mayor o menor número, pero no dejan de llegar a su cita, tal y como han hecho durante cientos de años, en diferentes situaciones.

A la salida del itinerario de la Permanente, un ruiseñor común se posa en el camino a poco más de un metro de mí. Me mira como diciéndome: «¿Eh, tú, ¿de qué vas?», como sí esperase conversación. Ahí permanece un rato esperando. Tras varios clics de mi cámara, se marcha hacia el taray más próximo dando saltitos entre sus ramas.

Más adelante un mirlo se mostraba igual de confiado. Han de estar acostumbrados al paso de la gente. Junto al muro de piedra del aparcamiento las golondrinas continúan con su caza, incluido la daúrica.

14 DE SEPTIEMBRE DE 2019

Está lloviendo todo el día, la temperatura máxima a mediodía era de 20º C. La DANA, como llaman ahora a las gotas frías los meteorólogos, instalada en el mediterráneo desde hace unos días y que ha causado estragos y algún muerto desgraciadamente, se ha desplazado hacia el interior con menos intensidad, pese a lo cual, estamos en alerta naranja y está lloviendo desde ayer. Esta mañana con mayor fuerza y con ruido de tormentas en altura, pero sin verse relámpagos.

Sobre las seis y media me asomé a la ventana mirando hacia San Cristóbal donde parecía que las nubes se iban a cebar, a la derecha del Peñón del Moro volaban tres rapaces, tres buitres tomando térmica, lo que me animó a subir a la carretera de Urda. La sierra estaba cubierta, no así la llanura que brillaba despejada.

Antes de llegar a Matas de la Iglesia me cruzó volando un águila real, que no tardó en perderse al otro lado de la montaña.

Pasado Los Santos, en el claro donde se suelen ver ciervos, un grupo de hembras se mantenían atentas a los berridos de un macho próximo. Parece que ya están en celo.

Un bando de mitos llamó mi atención mientras volaban de rama en rama. Se oían currucas y petirrojo.

Continué hasta la casa Simancas, sobre la que volaba un águila perdicera que se dejó caer hasta posarse en un árbol. Desde ahí también se oía la berrea y un par de ciervas ramoneaba en el borde del monte. Sobre la alambrada de la valla se posaba una cogujada.

Empezaba a llover y la luz se iba apagando. De vuelta y por la misma zona, volvió a aparecer el águila real que vi antes. Volaba cerca y bajo, rozando la copa de los chaparros, dando quiebros y girándose. Remontó vuelo y se alejó hacia el interior. Estuvo un rato parada, sustentándose contra el viento, girando la cola de un lado a otro, buscando el equilibrio, antes de marcharse definitivamente.

Bajo el puente de la carretera estaba el nido de daúrica que ya vi este verano. Al poco pasó un bando de golondrinas. Todavía por aquí.

Estaba anocheciendo y me fui para abajo por el camino de Cascana y justo en el stop de la carreta, había un grupo de murciélagos volando bajo una farola atrapando insectos sobre el suelo mojado.

Mañana seguimos en aviso amarillo por tormentas, ya veremos qué nos llega del cielo.

15 DE SEPTIEMBRE DE 2019

La DANA se descargó a gusto esta madrugada. A eso de las tres y media llovía como si no lo hubiera hecho nunca. La calle de los Molinos bajaba como un arroyo en sus mejores épocas y tronaba de lo lindo. Se paró, apretó otro poco, y en media hora todo se había acabado.

Por el día no había ni rastro de la alerta amarilla, no ha caído ni una gota, pero sí he visto algún relámpago a lo lejos en la noche.

El pueblo está desierto, como suele ocurrir en esta época de vendimia. Mañana toca volver al corte. Pero desde la vendimiadora no se sentirá la pámpana mojada.

20 DE SEPTIEMBRE 2019

Un águila calzada vuela sobre los tejados y tras las palomas. Se alejó por detrás de la casa y estuvo por la Dehesa Boyal ganando altura hasta que desapareció de mi vista.

6 DE OCTUBRE DE 2019

Ando atareado, llevo días que no salgo al campo. El tiempo sigue cálido, rondando los 25-27º C, son días soleados muy agradables, aunque por el contrario nos quedamos sin agua.

La confusión de llevar a Rebeca a catequesis cuando no le correspondía propició la observación de un águila calzada, que volaba bajo sobre la glorieta. En fase clara, con los bordes de la mano y de las alas de color negro, al igual que el extremo de la cola. El resto de color blanco crema y cabeza grisácea con tonos ocres.

La estuvimos viendo un rato hasta que se alejó. Al llegar a casa, la busqué con los prismáticos, encontrándola sobre la sierra, planeando y lanzándose en picado a gran velocidad.

Estuvo recorriendo la sierra en esa aptitud buena parte de la mañana, llegando hasta El Allozar y volviendo sobre Peñas Amarillas.

En su observación se cruzaron en mi campo dos golondrinas. ¿Todavía por aquí? Y un cernícalo vulgar que voló cerca del tejado de casa.

A eso de la una y media seguía volando por la ladera de la sierra.

Algo de nubosidad se extendía desde el norte. Parece que va a cambiar el tiempo. Oí gangas en vuelo, pero no logré verlas.

Se mueve rápido la calzada, recorre en poco tiempo buenas distancias, y sin batir las alas, solo dejándose caer en altura planeando en ángulos de no más de veinte grados, salvo cuando se tira en picado a gran velocidad para remontar después.

19 DE OCTUBRE DE 2019. LAS TABLAS

Fui a Las Tablas a ver si ya habían llegado las grullas. Ni las vi, ni las oí.

Antes, digo antes de que hiciera calor en estas fechas, que tampoco hace tanto, para el Pilar ya estaban aquí. No fallaba, día abajo día arriba.

Hoy por la mañana el termómetro rondaba los 15º C y luego por la tarde subió hasta los 19º C. Al final por la noche empezó a llover. Tampoco he visto lavanderas. Por el pueblo sí me he cruzado con bandos entrando a dormidero.

Las Tablas están casi secas al completo. El Guadiana solo mantiene algunos charcos y El Tablazo se puede recorrer a pie. De hecho, parece que se está aprovechando esta circunstancia para ir abriendo trochas.

Oí un autillo a lo lejos. Estaba todo muy tranquilo y al caer la noche comenzaron a cantar los grillos.

1 DE NOVIEMBRE DE 2019

Aunque hay algunas nubes en el cielo, el calor es casi primaveral, 21º C esta mañana y un aire cálido.

Estamos lejos del invierno, pese a que estos días llueve por el norte y para mañana los del tiempo anuncian un empeoramiento con viento fuerte. Ya se verá.

Estuve desde la terraza viendo buitres que volaban sobre la sierra y no pude más que irme para arriba. Cerca del Badén ya me cruce con un leonado volando bajo.

Dejé el coche en el Alto el Puerto y me fui por la Colada de los Santos hacia el norte. Pero qué seco estaba todo. Se oyen currucas, petirrojos, carboneros y se disfrutan los colores del otoño.

Veo un pico picapinos y se oye picar la madera de los chopos del arroyo. Un par de mosquiteros. Crucé la carretera y seguí por la vía pecuaria. Desde arriba vi buitres, un águila real y un azor en vuelo. De vuelta, ya en el Alto el Puerto, me encontré con otra águila real, o con la misma, que ahora andaba por aquí, con las alas semiplegadas en vuelo recto. Más abajo paré donde la finca de Ramón. La alberca estaba sin agua, solo con unos centímetros y por la tubería caía un chorrillo, casi testimonial. Las currucas se movían entre los chaparros.

3 DE NOVIEMBRE DE 2019

Por fin llueve algo, no mucho, pero ha estado lloviendo ayer y hoy también. La temperatura ha bajado un poco, aunque no se puede decir que haga frío.

Sigo sin ver ni una lavandera blanca, sí colirrojo tizón y petirrojo. Parece que hacen honor al nombre popular de «pajaritas de las nieves», hasta que no apriete el frío, no vendrán.

10 DE NOVIEMBRE DE 2019

Ayer por la tarde fui a dar una vuelta por la carretera de Las Tablas, llovía fino. Por fin vi un grupito de grullas, once para más señas, volaban en dirección al Parque. Por la velocidad que llevaba en el coche, debían volar a unos cincuenta kilómetros por hora.

Llegué hasta la gran encina frente a la antigua finca de los Obregones, qué árbol más increíble. En el Guadiana se oían gansos. Un lagunero volaba bajo sobre el páramo en el que se ha convertido el que fue el gran maizal de los Obregones a mediados de los noventa del siglo pasado, donde la cebada tenia privilegios de arrozal, tal era la cantidad de agua que se arrojaba desde los grandes pívots que sacaban y sacaban más y más agua.

Lavanderas blancas sigo sin ver. ¿Qué está pasando con las lavanderas?

11 DE NOVIEMBRE DE 2019

El frío ha hecho aparición. Hoy el termómetro no pasó de los 11º C. Toca darle caña a la calefacción e ir echando lumbre en la chimenea. Para el resto de la semana se anuncia mayor descenso, lluvia y hasta nieve. Por fin el invierno. ¿Aparecerán ya las pajaritas de las nieves?

Después de estar por encima de la media, en cuanto a temperaturas se refiere, ahora vamos por debajo de la media para la época del año en la que estamos.

Esta tarde dos bandos pequeños de grullas, una veintena en total, volaban hacia Las Tablas.

Por la plaza rondaba un colirrojo tizón junto a un mirlo y una veintena de gorriones. Y las lavanderas, ¿dónde están? Continúan sin aparecer.

15 DE NOVIEMBRE DE 2019

Ya ha llovido algo estos días. Hoy no, hoy hace frío y sol. En el norte ha nevado bastante y eso se nota. Por fin ya he visto a las lavanderas, dos. Pero siguen siendo pocas en comparación con otros años. Por el contrario veo más colirrojos tizón.

16 DE NOVIEMBRE DE 2019

Mañana fría con algo de sol. El campo llamaba a la puerta y el cuerpo no estaba ya para más catre. Así que, tras el correspondiente café y sabiendo que a padre le picaba el gusanillo de la caza, no había más que solicitar que se prestara a que le acompañase.

Marcando el termómetro 5º C, la sensación térmica era menor, pero el sol todavía no se ocultaba del todo tras las nubes.

A pesar del fresco, el campo estaba como de romería, con gente por todos lados, perros y escopeta en mano. Es lo que tiene los primeros días de levantamiento de la veda, que hay más cazadores que caza.

Llegando a la huerta del abuelo Patagorda, por ahí por Las Bachilleras, una perdiz yacía agazapada junto al tronco de una joven oliva. No sé si atorada por el frío o por el susto de alguna escopeta. Pues es lo que tienen estas perdices de granja, que cuando las sueltan al campo, no saben ni para donde han de tirar. Nada que ver con la patirroja criada en el campo, que en ese caso es ella la que suele dar la sorpresa al de la escopeta.

Allá para donde se dirigiese la mirada, no había más que gente, perros y escopetas. Las gallináceas inexpertas no tardan en dar con las plumas en el terruño. Pocas y afortunadas serán las que, tras la contienda de hoy, lleguen a librar su suerte el próximo domingo y aún menos las que sortearan el final de la temporada. Eso sí, que a cada domingo que pasen, la competencia aumenta, pues no tardan en aprender de qué va esto de los domingos, y así asemejarse a su hermana la perdiz nacida y criada en el campo. Cuando este estaba libre de pesticidas y de tanta máquina labradora y algunas, si no muchas, de las siembras servían para dar trigo o cebada, de ese que ahora llaman ecológico y en cuyos escondrijos se agazapaba la perdiz para criar y para sacar a su prole adelante, sana y campeada, o bajo el tronco de un olivar donde esas que llaman malas hierbas le prestaban lo necesario.

Así que, ante la falta de lo natural, de lo que cría el campo sano, no cabe más que ir al supermercado de la caza. Y llenar el campo de perdices

Alcaudón real (Lanius excubitor)

crecidas tras una alambrada, que poco saben del campo y de cómo hay que apañárselas en libertad. Y todo para darle gusto al del gatillo, que aguarda hasta noviembre para embucharle a una perdiz una perdigonada que acabe con su ilusión de ser libre y haga saber a las otras que para eso las han traído, y que ahí se acaba su gozo de ser libres y empieza su andadura para intentar salvar la pluma hasta que se eche la veda. Y si con eso se llega hasta la primavera sin pasar por el toxicológico, tal vez encuentre pareja para perpetuar la especie, que nacerá con la lección aprendida y en libertad. Al menos hasta que llegue de nuevo noviembre.

Del resto de la avifauna local, que era lo que a mí me interesaba, los bandos de jilgueros revoloteaban entre los casi desnudos sarmientos de las viñas. Lavanderas y colirrojos volaban entre los olivares, junto a pinzones y gorriones. Un lagunero planeaba sobre el horizonte. Tres avefrías haciendo gala de cómo estaba el día, a cada momento más desapacible, un bando de grajillas volando alto, tal vez escapando de lo que se les podía venir encima.

Eso sin contar un par de perdices que, habiendo despistado a los perdigones, se apresuraban tras el vuelo a esconderse en un emparrado. Tal vez esas serán de las que llegarán al final de la veda.

A cada domingo una lección nueva y una nueva oportunidad de sobrevivir al cazador, que caza por cazar y lo mismo le da una que dos, que diez, que ninguna. Después de todo no tienen que llenar ningún puchero. Solo darle gusto al dedo y decir que estuvo cazando. Eso sí, perdices de criadero.

20 DE NOVIEMBRE DE 2019

Llueve fino y hace frío desde el mediodía. Ya veo a las lavanderas por el pueblo, también colirrojos y hasta algún mosquitero. En la plaza se han instalado un par de mirlos. Se quedan por aquí en el invierno.

22 DE NOVIEMBRE DE 2019

Sigue lloviendo. A eso de las cuatro y media de la tarde arrancó una nube clara que venía por el oeste barriendo la sierra y descargo con fuerza conforme iba avanzando hacia el este. Luego salió el sol, brusca y apasionadamente.

Me fui para la carretera de Urda. El viento soplaba fuerte pasado el Alto el Puerto, contra el que volaban cinco buitres. Uno de ellos, negro, se me acercó bastante.

Había muchos ciervos y muflones debajo de las encinas comiendo, incluso fuera de las vallas. Se me cruzó un chotacabras en vuelo raso y bajo y un bando de cuatro perdices me sorprendió al salir volando delante de mí cuando iba andando por la carretera. Me cruzaron rodeándome por delante y por detrás. Menudo cazador habría sido, no me habría dado tiempo ni a armar la escopeta.

1 DE DICIEMBRE DE 2019

Continúa lloviendo, aunque no de forma copiosa, pero, vamos, un día con otro va sumando.

Hoy por la mañana me fui a la Virgen, Qué quietud, qué tranquilidad. Se oían currucas, mosquitero, carboneros, herrerillos. Vi tres buitres volando alto.

El día estaba muy cubierto. Ya pueden verse bastantes setas, hay humedad y no hace frío, así que estupendo para que fructifiquen, mientras no hiele, lo que es posible que pase esta semana que se anuncia un descenso brusco del mercurio.

El campo está con todos los colores del otoño, la cornicabra roja, con el fruto rojo, el madroño, con madroños, di cuenta de algunos, estaban bien maduros y muy buenos. La menta en flor. Me encontré un cuerno de corzo de unos quince centímetros. Una verdadera arma, con una punta punzante de la que pocas superficies podrían escapar de ser atravesadas imprimiéndole la fuerza suficiente.

Todo está como el día, quieto.

5 DE DICIEMBRE DE 2019

El día está gris, pero no llueve, un bando de gaviotas pasó esta mañana en dirección este. Un colirrojo tizón baila en lo alto de un tejado y el cielo sigue gris.

7 DE DICIEMBRE DE 2019

Se nubló sin llegar a llover, pero estuvo todo el día cubierto. Por la tarde alumbró un poco el sol, así que me fui con Rebeca para Los Montecillos.

Vimos grullas volando hacia el oeste, también un pito real.

Todo el suelo arenoso de Los Montecillos está bastante machacado por las ovejas, por los cazadores y por los residuos de todo tipo que encuentras en cualquier rincón. Con lo chula que es está finca y lo descuidada que está.

Rebeca me ha estado soltando un discurso de media hora de cómo se debería actuar frente a la actitud de tirar basura en el campo. Esta zona está bastante degradada de siempre y tiene un alto valor, si se conservase un poco.

Nos volvimos pronto a casa, tocaba poner el belén.

8 DE DICIEMBRE DE 2019

Hoy el día no ha abierto, ha estado tapado por la niebla todo el tiempo.

Me fui a dar un paseo por la circunvalación saliendo por la carretera de Daimiel, pronto me topé con una tarabilla, un colirrojo tizón y hasta un mosquitero en una viña de vaso a la salida de pueblo.

No veo lavanderas. Este año son muy escasas. Sí más colirrojos, que parece más abundante. Gorriones se ven cerca de parques y en los tejados de algunos corrales, donde deben aprovechar la comida de gallinas caseras.

Está cayendo la tarde y la niebla se hace más espesa. A ver estas navidades si nos dan tregua para salir al campo.

12 DE DICIEMBRE DE 2019

A propósito de la comida prenavideña del curro, hablando con Rafa y Pablo, cazadores ellos, sobre la declaración de la UICN del conejo de monte en peligro de extinción o al menos amenazado e instando a los gobiernos locales a actuar en consecuencia, sale a colación unos gusanos que encuentran en las vísceras de los zorzales que cazan. Por lo que he leído parece que es un trematodo que se aloja en distintos órganos del pájaro y de reciente aparición.

Pablo cuenta que en septiembre vio alguna tórtola en los pasos, pero que hace años que no la ve criar. El campo cada vez está más industrializado y eso afecta a la agrodiversidad. Aunque cada vez hay más agricultores sensibilizados, queda mucho camino por recorrer.

19 DE DICIEMBRE DE 2019

Ayer por la tarde, a la caída del sol me fui por el camino de Las Tablas hasta el Guadiana, hasta la gran encina. El día y la tarde estuvieron plomizos con el cielo típico de esta época, con poco movimiento de pájaros, pero con la temperatura más alta de lo normal.

El Guadiana va cogiendo algo de agua, gracias a las tenues lluvias que vienen sucediéndose estos días. A lo lejos se oyen grullas, vienen de las siembras que hay al otro lado del cauce, ya cerca de Molemocho.

Cuán distinto se oyen las grullas en las tardes de invierno, frente al sonido que emiten en marzo cuando marchan al norte. Bajo el silencio y la quietud del frío, su voz es como hueca, apagada. En marzo, cuando se marchan con los días soleados, su voz suena como más alegre, como si gritaran anunciando su partida y se alegraran por ello.

Alguna lavandera se deja ver de vez en cuando.

Hoy estábamos bajo aviso amarillo por fuertes vientos con rachas de más de 90 kilómetros por hora. A partir de media mañana se ha ido cerrando el día más y más y ahora, cuando son las cinco y media de la tarde, la sierra se ve cubierta por las nubes y llueve. Pero no hace frío.

Bandos de estorninos y palomas vuelan de un lado para otro.

20 DE DICIEMBRE DE 2019

Aire y más aire y nubes entrando una tras otra con lluvia por el oeste.

Por la tarde subí a San Cristóbal y era literalmente imposible ponerse la chaqueta, el viento era muy fuerte.

En el norte el temporal ha sido mucho más fuerte y muchos afluentes del Ebro se están desbordando.

22 DE DICIEMBRE DE 2019. EL NACIMIENTO

Amanece nuboso, sigue el fuerte viento. Ayer estuvo lloviendo prácticamente todo el día y toda la noche.

Esta mañana me fui a la Virgen, hacia El Nacimiento. Hoy estaba tranquilo, solo el santero con su sopladora de hojas rompía tanto sosiego. Un carbonero cantaba desde la percha de un pino. Un buitre leonado volaba en solitario. Son muchas las diferentes especies de setas que ya pueden encontrarse, hasta el preciado níscalo. En el lavadero, un colirrojo tizón macho espera desde uno de los alambres del tendedero que caiga la tarde bajo el canto de los mirlos.

25 DE DICIEMBRE DE 2019

Soleado con temperatura de 16º C a mediodía.

Subí al Alto el Puerto ya entrada la mañana. En el pueblo la niebla lo cubría todo, pero aquí arriba luce el sol. A la altura del Badén se me ha cruzado un milano, ha sido muy rápido.

He bajado por la Colada de los Santos. Mitos, herrerillos, carboneros, petirrojos, curruca cabecinegra…

El camino es más que interesante, sobre todo cuando se llega al fondo del valle, junto al arroyo.

Aunque el suelo está más agreste y árido entre la vegetación, no hay un tapiz vegetal patente y continuo, solo algunas manchas de musgo. Todavía hace falta más agua.

Me ha parecido por la forma ver un trepador azul entre las ramas.

Se oye correr algo de agua por el arroyo.

31 DE DICIEMBRE DE 2019. EL NACIMIENTO

El año toca a su fin. Días de niebla profunda y temperaturas bajas es lo habitual en esta época.

Subí a la Virgen para acabar el año, ya un poco tarde, cerca del mediodía.

En el santuario había niebla pero menos densa. A poco de ir subiendo por el camino del Nacimiento, como ya es habitual, la niebla daba paso al sol y el termómetro debía subir porque así se apreciaba.

La quietud era dueña del espacio, engullido en el silencio que domina el campo en invierno y que rompía un mirlo, o un petirrojo o algún mosquitero tímidamente.

Veo menos mosquiteros que otras veces. No he visto acentor. Sí colirrojo tizón y petirrojos. Puede que la falta de lluvia haya condicionado los frutos e insectos de invierno.

Sobre los pinos volaba un bando de rabilargos. Se han extendido por esta zona, hace unos años no se veían por aquí.

También vi un reyezuelo listado entre las hojas de un chaparro. Qué diminuto y qué bonito. Pasan el invierno a menos altura que los bosques de montaña en los que suelen criar.

En la leñera del lavadero los gatos tomaban el sol sobre una techumbre de ramas secas atentos a mi presencia.

Para ellos mañana será un día más, no tendrán ni más ni menos inquietudes frente al nuevo calendario que se inicia. Ellos, como todos estos pájaros que les rodean y demás seres vivos, llevan otras cuentas. No tendrán nuevas anotaciones en sus agendas, mañana será otro día de niebla bajo el que habrá que seguir viviendo, buscar alimento y resguardarse del frío y de algún depredador que aceche, haciendo lo propio dada su situación y circunstancia.

Solo nosotros pondremos el calendario a cero, aunque en realidad todo parecerá igual que el día anterior. Solo nuestra percepción del tiempo hará cambiar todo lo demás.

Pero seguiremos subiendo hasta aquí a ver qué se cuece y a la Colada de los Santos, y a Las Tablas. Y a La Quebrada, a ese lugar de encuentro, con los viajeros de diez gramos y con aquellos que gustan de madrugar para anillar pájaros, con los que compartir unas horas que harán del día un día distinto, de los que se recuerdan. A oír historias de tiempos en los que la naturaleza era más salvaje en estas latitudes y el hombre sabía de ello y le tocaba obrar en consecuencia. De tiempos que no por lejanos nos parecen inimaginables, sino porque con tanta tecnología ni los soñamos, pero que tal vez nos hubieran hecho más felices. Al menos despiertan en nosotros la añoranza por un tiempo que no vivimos, mientras los que lo hicieron apenas si recuerdan lo duro que era entonces salir adelante. No porque lo hayan olvidado, sino porque seguramente las satisfacciones que daba el campo, la caza y la pesca eran mayores. Porque el paisaje llenaba con solo su presencia. Algo nos queda de eso o mucho, según cómo miremos. Y algo quedará en nuestros cuadernos de campo.

Somormujo lavanco en el nido (Podiceps cristatus)

EPÍLOGO

Acabamos 2019 bajo la amenaza de lo que en 2020 se convertiría en una auténtica pesadilla. Han pasado los años y parecen quedar lejos los terribles días que el mundo entero sufrió, sobre todo durante la primera mitad del año 2020, en el que se perdieron muchas vidas humanas y muchas otras cosas.

A cambio ganamos días de silencio y días con cielos azules y transparentes. Experimentamos lo que era el mundo sin los seres humanos. Todo se paró. Durante unas semanas el mundo se detuvo.

Las plantas crecían en terrenos antes vetados y los animales exploraban nuestras calles en busca de los humanos a los que no veían.

2020 nos dio una lección de humildad, nos mostró lo vulnerables e insignificantes que podemos llegar a ser en este mundo lleno de vida. Aupó a la ciencia y el conocimiento científico al lugar que le correspondía. Nos mostró la importancia de mantener el equilibrio entre todos los seres vivos, la importancia de preservar nuestra biodiversidad, como garantía para conservar nuestra especie.

Casi cinco años después parece que hemos olvidado en gran medida tan valiosa lección que, a pesar del dolor infringido, la vida nos dio. Hemos olvidado aspectos fundamentales para nuestra supervivencia y hemos recobrado nuestra arrogancia, creyéndonos seres superiores y volviendo a cometer los mismos errores.

Solemos hablar de políticas y medidas de conservación para salvar el planeta frente a desastres ecológicos, el cambio climático, la pérdida de biodiversidad, la destrucción de hábitats naturales, sin percatarnos de que el planeta no necesita que le salvemos.

La vida en la tierra seguirá adelante con o sin nosotros: los seres humanos como especie. Siempre lo ha hecho a lo largo de miles de millones de años.

Para cuando nuestro planeta no sea capaz de albergar vida porque el sol se haya apagado o porque la atmósfera haya desaparecido dejando de protegerla, nosotros los seres humanos ya no estaremos aquí. Si no nos hemos extinguido, habremos migrado hacia otros mundos.

La conservación de nuestro medio no es un requerimiento para salvar el planeta, es necesario para garantizar nuestra existencia como especie.

Si comparásemos la historia de la vida en la tierra con la duración de un día, nuestra presencia como especie a lo largo de ese día sería tan solo de unos segundos.

Tal vez podremos determinar que somos el resultado o la consecuencia de esos millones de años de evolución, pero los distintos seres vivos han permitido la existencia de vida tal y como la conocemos durante un periodo de tiempo muy superior.

Tomar conciencia de estos aspectos depende en gran medida de nuestro crecimiento y educación como parte de la humanidad en un mundo cada vez más influenciado y dependiente de las nuevas tecnologías.

Salir al campo y aprender de otros seres vivos es no solo reconfortable, sino necesario.

Precisamente tras la pandemia surgió un mayor acercamiento del ser humano hacia la naturaleza, tal vez por lo vivido o tal vez por el despertar de una nueva conciencia.

Nuestras aportaciones mediante anotaciones o simples comentarios como contribución a la ciencia ciudadana nos ayudará a entender mejor y en mayor medida nuestro papel en el mundo, aportando conocimiento para una mejor y eficaz toma de decisiones.

La observación de aves, sus ciclos y comportamientos, probablemente sea la actividad al aire libre que más contribuye a ello, considerando el gran número de adeptos que existen por todo el mundo.

Esa conexión con la naturaleza despierta nuestros sentidos y nos acerca espiritual y emocionalmente con nuestro yo más ancestral, haciéndonos sentir que somos parte de un todo, de un mismo conjunto del que formamos parte junto al resto de las formas de vida.

Durante 2020 no pudimos vivir la primavera, vimos desde nuestras terrazas y nuestros balcones la llegada de golondrinas y de vencejos, que parecían mirarnos con extrañeza, preguntándonos por lo que estaba pasando.

Ese año no hubo Paser, tampoco volvimos a La Quebrada. Tendríamos que esperar un año más para volver a encontrarnos con el Guadiana, con nuestros carriceros y demás habitantes del río y de lo que quedase de sus tablas. De volver a vernos la cara, aunque medio cubierta por la imposición de mascarillas, a volver a sentir el campo, como si nada hubiese ocurrido, aunque no fuese así.

El 16 de abril de 2021 abrimos de nuevo la redes para dar continuidad al Paser, que se había detenido por primera vez desde hacía más de veinte años, creando un pequeño sesgo que no pasaría desapercibido en nuestros cuadernos de campo.

16 DE ABRIL DE 2021. LA QUEBRADA

Hoy he vuelto a La Quebrada. Como un niño esperando la noche de Reyes estaba inquieto desde ayer. Preparé todo aquello que había que preparar, la vieja mochila que permanecía olvidada en el cuarto de la lavadora, las guias de campo, la Svennson, unos calcetines de repuesto por si eran menester, los apuntes de «la

Jenni», traducidos y manchados por el uso en el campo. El manual del anillador de Pinilla, la cámara, los prismáticos, en fin el equipo completo, dispuesto. Y a eso de las cinco y media de la mañana no hizo falta despertador.

Preparé un buen termo de café y, siendo las seis y media de la mañana, de noche por todo el mundo, como se suele decir, me encaminé hacia el Parque y desde allí hasta La Quebrada, que llevaba más de un año cerrada para nosotros.

A las siete y doce llegué hasta la vieja casa de pescadores, con el cielo despuntando las primeras luces y los carriceros y gorriones anunciando el día.

Por el camino se me cruzó un meloncillo pequeño y muchas conjugadas que estaban en los bordes del camino y que se deslumbraban con las luces del coche.

Ahí estaba quieta, como esperando, La Quebrada, con su blanca fachada recién encalada destacando sobre el fondo aún oscuro del paisaje.

Ya cantaban los carriceros tordales. Abrimos las redes a las siete y media y el primer pájaro en caer fue un mosquitero.

Las seis redes están en seco. El perito de San Juan está asfixiado por las zarzas de la calzada.

Los membrillos ya tienen el fruto cuajado, en el huerto hay acelgas y cebollas siemprevivas. Y los melocotoneros tienen el fruto del tamaño de canicas.

Agua hay en el Guadiana y parece limpia. En el embarcadero se ve clara. La enea nueva tiene ya alrededor de un metro de altura.

Cierta dejadez se aprecia en el entorno de la casa de Julio, que a sus 93 años dice Alejandro que viene a diario, pero hoy no lo ha hecho.

Los laguneros exhiben sus vuelos nupciales, dos machos vuelan junto a una hembra, volando en zigzag con las alas semiplegadas y haciendo picados y caídas increíbles,

Muchos gansos volando. Más de los deseables y en parejas.

Tres coloraos pasan en vuelo, dos machos y una hembra. Un poco antes un macho solitario se ha echado al agua.

La mañana está fresca y el rocío moja los pies hasta que ya entra el día.

Atrapamos un carricerín común con vesículas en los pies, atacado por ácaros.

Algunas golondrinas y un grupo de avión común vuelan sobre la casa.

Un somormujo nada en el centro de la madre del río. Garzas no vemos. Un ratonero voló alto y tres flamencos lo hacían en dirección Villarrubia.

El magnífico albaricoquero de la casa de Julio tiene el fruto del tamaño de aceitunas.

Dentro de poco todo esto se verá abandonado. Alejandro me dice que los Pinilla vienen de vez en cuando y el hijo de Julio también, pero los años se notan y la soledad también. Y eso se aprecia en la casa y su entorno. Atrás quedaron los días de ajetreo de preparar las artes de pesca, de preparar su venta, de atender a los hijos, de despiezar la caza, de cocer el pan. Los tiempos en los que la gente vivía en y del río. De Las Tablas.

Capturamos tordales anillados y el primer carricero común anillado aquí en el año 2019, de edad 5, por lo que nació en 2018 aquí en Las Tablas, en La Quebrada. Cuatro años después estaba de vuelta una vez más.

Se oye el canto de algunas ranas. Julio no llega, parece que le falta algo a la jornada sin su presencia.

Al final de la calzada, en un taray cuelga el nido de un pájaro moscón mirando al Guadiana. Se oye su canto junto al de la buscarla.

Veinte pájaros anillados. Se acabó la jornada por hoy. Toca analizar los datos, tomar notas y esperar con expectación el próximo día, como cada primavera desde 1997, para continuar conectando con este lugar, aprendiendo de sus visitantes y de su evolución como ecosistema, rememorando todo aquello que fue, sin haberlo conocido, como lo conocieron ellos, la gente del río, para mantener la memoria y la historia viva, para reencontrarnos con estos pequeños seres emplumados que recorren miles de kilómetros para volver aquí año tras año, para evitar tener que repetir las palabras de Julio a los que vengan detrás de nosotros: «Si es que vosotros no sabéis lo que era esto».

Diciembre de 2024. Villarrubia de los Ojos del Guadiana

Panorámica de Las Tablas desde la Torre de Prado Ancho

LISTADO DE ESPECIES DE AVES QUE SE CITAN EN EL TEXTO Y ESTATUS, ORDENADAS POR FAMLIAS

FASIÁNIDAS (GALLIFORMES, PHASIANIDAE)

Perdiz roja. *Alectoris rufa*. Residente.

ANÁTIDAS (ANSERIFORMES, ANATIDAE)

Ánade azulón. *Anas platyrhynchos*. Residente.
Ánade friso. *Mareca strepera*. Residente e invernante.
Ánsar común. *Anser anser*. Residente.
Cerceta común. *Anas crecca*. Invernante.
Cuchara común. *Spatula clypeata*. Invernante.
Malvasía cabeciblanca. *Oxyura leucocephala*. Residente.
Pato colorado. *Netta rufina*. Nidificante e invernante.
Porrón europeo. *Aythya ferina*. Residente e invernante.
Porrón pardo. *Aythya nyroca*. Residente e invernante.
Tarro blanco. *Tadorna tadorna*. Nidificante e invernante.

SOMORMUJOS (PODICIPEDIFORMES, PODICIPEDIDAE)

Somormujo lavanco. *Podiceps cristatus*. Residente.
Zampullín común. *Tachybaptus ruficollis*. Residente.

FLAMENCOS (PHOENICOPTERIFORMES, PHOENICOPTERIDAE)

Flamenco común. *Phoenicopterus roseus*. Residente.

PALOMAS (COLUMBIFORMES, COLUMBIDAE)

Paloma bravía. *Columba livia*. Residente.
Paloma torcaz. *Columba palumbus*. Residente.
Paloma zurita. *Columba oenas*. Invernante. Migratoria parcial.
Tórtola europea. *Streptopelia turtur*. Estival.
Tórtola turca. *Streptopelia decaocto*. Residente.

GANGAS (PTEROCLIFORMES, PTEROCLIDAE)

Ganga ibérica. *Pterocles alchata*. Residente.
Ganga ortega. *Pterocles orientalis*. Residente.

CHOTACABRAS (CAPRIMULGIFORMES, CAPRIMULGIDAE)

Chotacabras cuellirojo. *Caprimulgus ruficollis*. Estival.

VENCEJOS (APODIFORMES, APODIDAE)

Vencejo común. *Apus apus*. Estival.

CUCOS (CUCULIFORMES, CUCULIDAE)

Críalo europeo. *Clamator glandarius*. Estival.
Cuco común. *Cuculus canorus*. Estival.

RÁLIDAS (GRUIFORMES, RALLIDAE)

Calamón común. *Porphyrio porphyrio*. Residente.
Focha común. *Fulica atra*. Residente.
Gallineta común. *Gallinula chloropus*. Residente.
Rascón europeo. *Rallus aquaticus*. Residente.

GRULLAS (GRUIFORMES, GRUIDAE)

Grulla común. Grus grus. Invernante.

AVUTARDAS (OTIDIFORMES, OTIDIDAE)

Sisón común. *Tetrax tetra*x. Residente.

CIGÜEÑAS (CICONIIFORMES, CICONIIDAE)

Cigüeña blanca. *Ciconia ciconia*. Residente.
Cigüeña negra. *Ciconia nigra.* En paso.

IBIS Y ESPÁTULAS (PELECANIFORMES, THERESKIORNITHIDAE)

Espátula común. *Platalea leucorodia*. Estival e invernante.
Morito común. *Plegadis falcinellus*. Estival e invernante.

GARZAS (CICONIIFORMES, ARDEIDAE)

Avetorillo común. *Ixobrychus minutus*. Estival.
Avetoro común. *Botaurus stellaris*. Ocasional.
Garceta común. *Egretta garzetta*. Residente.
Garceta grande. *Ardea alba*. Estival e invernante.
Garcilla bueyera. *Bubulcus ibis*. Residente.
Garcilla cangrejera. *Ardeola ralloides*. Estival.
Garza imperial. *Ardea purpurea*. Estival.
Garza real. *Ardea cinerea*. Residente.
Martinete común. *Nycticorax nycticorax*. Estival.

CORMORANES (SULIFORMES, PHALACROCORACIDAE)

Cormorán grande. *Phalacrocorax carbo*. Residente.

CIGÜEÑUELAS Y AVOCETAS (CHARADRIIFORMES, RECURVIROSTRIDAE)

Avoceta común. *Recurvirostra avosetta*. Residente.
Cigüeñuela común. *Himantopus himantopus*. Estival.

CHORLITOS Y AVEFRÍAS (CHARADRIIFORMES, CHARADRIIDAE)

Avefría europea. *Vanellus vanellus*. Residente.
Chorlitejo chico. *Charadrius dubius*. Estival.
Chorlitejo patinegro. *Charadrius alexandrinus*. Residente.

ALCARAVANES (CHARADRIIFORMES, BURHINIDAE)

Alcaraván común. *Burhinus oedicnemus*. Residente.

ESCOLOPÁCIDOS (CHARADRIIFORMES, SCOLOPACIDAE)

Agachadiza común. *Gallinago gallinago*. Invernante.
Andarríos chico. *Actitis hypoleucos*. Residente.
Andarríos grande. *Tringa ochropus*. En paso e invernante.
Archibebe común. *Tringa totanus*. En paso e invernante.
Combatiente. *Calidris pugnax*. En paso e invernante.

CORREDORES Y CANASTERAS (CHARADRIIFORMES, GLAREOLIDAE)

Canastera común. *Glareola pratincola*. Estival.

GAVIOTAS, CHARRANES Y FUMARELES (CHARADRIIFORMES, LARIDAE)

Fumarel cariblanco. *Chlidonias hybrida*. Estival.
Fumarel común. *Chlidonias niger*. En paso y estival.
Gaviota reidora. *Larus ridibundus*. Residente.
Gaviota sombría. *Larus fuscus*. En paso e invernante.

LECHUZAS (STRIGIFORMES, TYTONIDAE)

Lechuza común. *Tyto alba*. Residente.

BÚHOS Y MOCHUELOS (STRIGIFORMES, STRIGIDAE)

Autillo europeo. *Otus scops*. Estival.
Búho campestre (Lechuza campestre). *Asio flammeus*. Residente.
Búho chico. *Asio otus*. Residente.
Búho real. *Bubo bubo*. Residente.
Mochuelo europeo. *Athene noctua*. Residente.

AVES DE PRESA DIURNAS (ACCIPITRIFORMES, ACCIPITRIDAE)

Águila calzada. *Hieraaetus pennatus*. Estival.
Águila culebrera (Culebrera europea). *Circaetus gallicus*. Estival.
Águila imperial ibérica. *Aquila adalberti*. Residente.
Águila perdicera. *Aquila fasciata*. Residente.
Águila real. *Aquila chrysaetos*. Residente.
Aguilucho cenizo. *Circus pygargus*. Estival.
Aguilucho lagunero occidental. *Circus aeruginosus*. Residente.
Aguilucho pálido. *Circus cyaneus*. Invernante.
Azor común. *Accipiter gentilis*. Residente.
Buitre leonado. *Gyps fulvus*. Residente.
Buitre negro. *Aegypius monachus*. Residente.
Busardo ratonero. *Buteo buteo*. Residente.
Gavilán común. *Accipiter nisus*. Residente.
Milano negro. *Milvus migrans*. En paso.
Milano real. *Milvus milvus*. Residente e invernante.

ABUBILLAS (BUCEROTIFORMES, UPUPIDAE)

Abubilla común. *Upupa epops*. Estival e invernante.

CORACIIFORMES (ALCEDINIDAE, MEROPIDAE, CORACIIDAE)

Abejaruco europeo. *Merops apiaster*. Estival.
Carraca europea. *Coracias garrulus*. Estival.
Martín pescador. *Alcedo atthis*. Residente.

PÁJAROS CARPINTEROS (PICIFORMES, PICIDAE)

Pico picapinos. *Dendrocopos major*. Residente.
Pito real ibérico. *Picus sharpei*. Residente.
Torcecuello euroasiático. *Jynx torquilla*. Estival.

HALCONES (FALCONIFORMES, FALCONIDAE)

Cernícalo primilla. *Falco naumanni*. Estival.
Cernícalo vulgar. *Falco tinnunculus*. Residente.
Esmerejón. *Falco columbarius*. Invernante.

OROPÉNDOLAS (PASSERIFORMES, ORIOLIDAE)

Oropéndola europea. *Oriolus oriolus*. Estival.

ALCAUDONES (PASSERIFORMES, LANIIDAE)

Alcaudón común. *Lanius senator*. Estival.
Alcaudón real. *Lanius meridionalis*. Residente.

CÓRVIDOS (PASSERIFORMES, CORVIDAE)

Arrendajo euroasiático. *Garrulus glandarius*. Residente.
Cuervo grande. *Corvus corax*. Residente.
Grajilla occidental. *Corvus monedula*. Residente.
Rabilargo ibérico. *Cyanopica cooki*. Residente.
Urraca común. *Pica pica*. Residente.

PAROS (PASSERIFORMES, PARIDAE)

Carbonero común. *Parus major*. Residente.
Herrerillo capuchino europeo. *Lophophanes cristatus*. Residente.
Herrerillo común. *Cyanistes caeruleus*. Residente.

REMÍCIDOS (PASSERIFORMES, REMIZIDAE)

Pájaro moscón europeo. *Remiz pendulinus*. Residente.

PANÚRIDOS (PASSERIFORMES, PANURIDAE)

Bigotudo. *Panurus biarmicus*. Residente.

ALONDRAS (PASSERIFORMES, ALAUDIDAE)

Alondra totovía. *Lullula arborea*. Residente.
Cogujada común. *Galerida cristata*. Residente.
Terrera común. *Calandrella brachydactyla*. Estival.

CISTÍCOLAS (PASSERIFORMES, CISTICOLIDAE)

Cisticola buitrón. *Cisticola juncidis*. Residente.

ACROCEFÁLIDOS (PASSERIFORMES, ACROCEPHALIDAE)

Carricerín cejudo. *Acrocephalus paludicola*. En paso.
Carricerín común. *Acrocephalus schoenobaenus*. En paso.
Carricerín real. *Acrocephalus melanopogon*. Estival.
Carricero común. *Acrocephalus scirpaceus*. Estival.
Carricero tordal. *Acrocephalus arundinaceus*. Estival.
Zarcero común. *Hippolais polyglotta*. En paso.

BUSCARLAS (PASSERIFORMES, LOCUSTELLIDAE)

Buscarla unicolor. *Locustella luscinioides*. Estival.

GOLONDRINAS (PASSERIFORMES, HIRUNDINIDAE)

Avión común. *Delichon urbicum*. Estival.
Golondrina común. *Hirundo rustica*. Estival.
Golondrina daúrica. *Cecropis daurica*. Estival.

Mosquiteros (Passeriformes, Phylloscopidae)

Mosquitero común. *Phylloscopus collybita*. En paso e invernante.
Mosquitero ibérico. *Phylloscopus ibericus*. Estival.
Mosquitero musical. *Phylloscopus trochillus*. En paso.
Mosquitero papialbo. *Phylloscopus bonelli*. En paso

Escotocércidos (Passeriformes, Cettiidae)

Cettia ruiseñor. *Cettia cetti*. Residente.

Egitálidos (Passeriformes, Aegithalidae)

Mito común. *Aegithalos caudatus*. Residente.

Currucas (Passeriformes, Sylviidae)

Curruca cabecinegra. *Curruca melanocephala*. Residente.
Curruca capirotada. *Sylvia atricapilla*. Residente.
Curruca carrasqueña. *Curruca cantillans*. Estival.
Curruca mirlona. *Curruca hortensis*. Estival.
Curruca mosquitera. *Sylvia borin*. En paso.
Curruca rabilarga. *Curruca undata*. Residente.
Curruca zarcera. *Curruca communis*. En paso.

Sítidos (Passeriformes, Sittidae)

Trepador azul. *Sitta europaea*. Residente.

Estorninos (Passeriformes, Sturnidae)

Estornino negro. *Sturnus unicolor*. Residente.
Estornino pinto. *Sturnus vulgaris*. Invernante.

Zorzales (Passeriformes, Turdidae)

Mirlo común. *Turdus merula*. Residente.
Zorzal charlo. *Turdus viscivorus*. Invernante.
Zorzal común. *Turdus philomelos*. Invernante.

Muscicápidos (Passeriformes, Muscicapidae)

Colirrojo real. *Phoenicurus phoenicurus*. Estival.
Colirrojo tizón. *Phoenicurus ochruros*. Invernante.
Papamoscas cerrojillo. *Ficedula hypoleuca*. En paso.
Papamoscas gris. *Muscicapa striata*. En paso.
Petirrojo europeo. *Erithacus rubecula*. Invernante.
Ruiseñor común. *Luscinia megarhynchos*. Estival.
Ruiseñor pechiazul. *Luscinia svecica*. En paso e invernante.
Tarabilla común. *Saxicola rubicola*. Residente.

REYEZUELOS (PASSERIFORMES, REGULIDAE)

Reyezuelo listado. *Regulus ignicapilla*. Invernante.

ACENTORES (PASSERIFORMES, PRUNELLIDAE)

Acentor común. *Prunella modularis*. Invernante.

GORRIONES (PASSERIFORMES, PASSERIDAE)

Gorrión común. *Passer domesticus*. Residente.
Gorrión molinero. *Passer montanus*. Residente.
Gorrión moruno. *Passer hispaniolensis*. Residente.

BISBITAS Y LAVANDERAS (PASSERIFORMES,MOTACILLIDAE)

Bisbita   pratense. *Anthus pratensis*. En paso e invernante.
Lavandera blanca. *Motacilla alba*. Invernante.
Lavandera boyera. *Motacilla flava*. Estival.

FRINGÍLIDOS (PASSERIFORMES, FRINGILLIDAE)

Jilguero europeo. *Carduelis carduelis*. Residente.
Pardillo común. *Linaria cannabina*. Residente.
Picogordo común. *Coccothraustes coccothraustes*. Residente
Pinzón vulgar. *Fringilla coelebs*. Residente.
Piquituerto común. *Loxia curvirostra*. En paso, invernante irregular.
Serín verdecillo. *Serinus serinus*. Residente.
Verderón común. Chloris chloris. Residente.

ESCRIBANOS (PASSERIFORMES, EMBERIZIDAE)

Escribano montesino. *Emberiza cia*. Residente.
Escribano palustre. *Schoeniclus schoeniclus*. Invernante y sedentario localizado.
Escribano triguero. *Emberiza calandra*. Residente.

ANEXO FOTOGRÁFICO

Embarcadero de La Quebrada, junio de 2009 (arriba) y junio de 2010 (abajo).

Julio Escuderos, Alejandro del Moral y el autor en La Quebrada, mayo de 2011.

Distribución de las redes.

La Quebrada, mayo de 2009.

La Quebrada, abril de 2010.

Anillando un martín pescador.

Tablas centrales, octubre de 2016.

Desde la Quebrada, 2010.

Tablazos centrales desde Prado Ancho, noviembre de 2014.

Arriba, Isla de El Morenillo, julio de 2009. Izquierda, Alejandro del Moral revisando la red seis, abril de 2012.

Río Gigüela desde el Quinto de la Torre, 2009.

El Guadiana a la altura del Molino de Griñón, noviembre 2014.

Águila Imperial con una liebre entrando al nido, mayo de 2018.

La Quebrada, embarcadero, abril de 2010.

Panorámica de Los Ojuelos, abril de 2021.

Estación de anillamiento en la Isla de Algeciras.

Lagunero sobre el Tablazo, con el observatorio de fauna de la Isla de los Asnos al fondo (hoy desaparecido), noviembre de 2014.

Isla del Perinat, 2010.

Las Tablas desde la sierra de Villarrubia de los Ojos, abril de 2016.

Alejandro del Moral con Lucas y Roberto Villanueva del Pozo, en el interior de La Quebrada, junto a la mesa de anilamiento, junio de 2015.

Arriba, embarcadero en La Quebrada, junio de 2011. Izquierda, Julio Escuderos en La Quebrada, mayo de 2011.

Arriba, embarcadero de La Quebrada, julio de 2011. Izquierda, red cinco, abril de 2012.

Arriba, mesa de trabajo,
abril de 2012. Izquierda, red
cuatro, abril de 2012.

Arriba, carricero en la red, abril de 2012. Derecha, red seis, abril de 2012.

Arriba, El Nacimiento,
mayo de 2018. Izquier-
da, el autor con su hijo
Roberto en una jornada
del Paser, junio de 2015.

Embarcadero helado, enero de 2015.

Grupo del Paser en La Quebrada, julio de 2010. De derecha a izquierda, Alejandro del Moral Molina, Carmen Sánchez, Alejandro Rodríguez Barbero, Alejandro del Moral y Carlos Villanueva.

Lucas Villanueva en La Quebrada, julio de 2010.

Isleta de los Gambeta, septiembre de 2019.

La Quebrada desde la Virgen de la Sierra, mayo de 2016.

Sendilla de la Virgen, diciembre de 2019.

Grullas entrando a dormidero desde Prado Ancho, noviembre de 2016.

BIBLIOGRAFÍA

ÁLVAREZ, Miguel y Santos CIRUJANO: *Las Tablas de Daimiel. Ecología acuática y sociedad*, Madrid, Organismo Autónomo Parques Nacionales, 1996.

ARAUZO, Isabel et all.: *Aproximación a la flora de las Tablas de Villarrubia de los Ojos del Guadiana. Parte del entorno de las Tablas de Daimiel*, Madrid, Asociación para la Recuperación del Bosque Autóctono, 2001.

ASENSIO, Benigno: *La migración de las aves*, Madrid, Acento Editorial, 1998.

BAKER, Kevin: *Identification Guide to European Non-Passerines*, British Trust for Ornithology, BTO Guide, 1993.

BERNIS, Francisco: *La clase aves*, Madrid, Editorial Complutense, 1997.

BIRKHEAD, Tim: *La sabiduría de las aves. Una historia ilustrada de la ornitología*, Bilbao, Libros de la Jata. 2017.

—: *Los sentidos de las aves. Qué se siente al ser un pájaro*, Madrid, Captain Swing, 2019,

BÖHRE, Paul: *Rapaces que vuelan en el día y en la noche*, Madrid, Errata Naturae, 2025.

BUONINCONTI, Francesca; *Sin fronteras. Las extraordinarias historias de los animales migratorios*, Madrid, Alianza Editorial, 2021.

CIRUJANO, Santos et all.: *Flora ibérica. Algas continentales*, Madrid, Real Jardín Botánico, CSIC, 2008.

DUQUET, Marc: *Todo sobre las aves de Europa*, Barcelona, Omega. 2016.

EHRLICH, Paul R., David S. DOBKIN el all.: *Guía del observador de aves*, Barcelona, Omega, 1997.

ELPHICK, Jonathan: *Aves. Las grandes migraciones*. Barcelona, Tusquets Ediciones, 1995.

ESCUDEROS, Julio: *Flor Ribera*, Madrid, Guindalera, 1995.

HEISMAN, Rebecca: *Rutas en el cielo*, Barcelona, Carbrame, 2023.

HERNÁNDEZ PACHECO, Eduardo: *Síntesis fisiográfica y geología de España. La Llanura de la Mancha*, Madrid, Trabajos del Museo Nacional de Ciencias Naturales, 1932.

HUME Rob, Robert STILL, Andy SWASH et all.: *Aves de España y de Europa. Una guía de identificación*, Barcelona. Omega, 2023.

JENNI, Lukas y Raffael WINKLER: Moult and Ageing of European Passerines. Christopher Helm Publishers, 2011.

JIMÉNEZ, José et all.: *Las aves del Parque Nacional de las Tablas de Daimiel y otros humedales manchegos*, Barcelona, Lynx. 1992.

JUANA, Eduardo de y Juan VARELA: *Aves de España*, Barcelona, Lynx. 2016.

LANGLOIS, Dave: *Los cantos de las aves. El orfeón olvidado*, Almenara, Tundra Ediciones, 2022,

MARGALEF, Ramón: *Teoría de los sistemas ecológicos*, Barcelona, Publicaciones de la Universidad de Barcelona, 1993.

MEDIAVILLA LÓPEZ, Rosa María: *Las Tablas de Daimiel: Agua y sedimentos*, Madrid, Instituto Geológico y Minero de España, 2013.

NOVAL, Alfredo: *Fauna ibérica*, Oviedo, Ediciones Naranco, 1975.

PORTER, R. F. et all.: *Rapaces europeas. Guía para identificarlas en vuelo*, Perfils, 1994.

SETTIER, Julián: *Caza menor. Anécdotas y recuerdos*, Madrid, Editorial Reus, 1956.

SVENSSON, Lars: *Guía para la identificación de los paseriformes europeos*, Madrid, Seo BirdLife, 2009.

TELLERÍA, José Luis et all.: *Aves ibéricas*, Madrid, J. M. Reyero, 1996.

VV.AA.: *Las Tablas y los Ojos del Guadiana: agua, paisaje y gente*, Madrid, Instituto Geológico y Minero de España, 2014.

VV.AA.: *Parque Nacional de las Tablas de Daimiel*, Talavera de la Reina, Esfagnos, 1998.

WILSON, Edward O.: *Medio planeta. La lucha por las tierras salvajes en la era de la sexta extinción*, Madrid, Errata Naturae, 2017.

OTROS TÍTULOS DE ESTA COLECCIÓN

239/VICENTE PALOMARES GARCÍA, *Las Escuelas del Hogar Provincial, Pérez Molina, Cruz Prado y Ferroviario. Primer centenario de las escuelas públicas en Ciudad Real, 1924-2024.*

240/MARÍA ÁNGELES JIMÉNEZ GARCÍA, *El Campo de Montiel a través de la Literatura.*

241/ALEJANDRO MOYANO GÓMEZ, *Nuestro pasado en mapas. Cartografía histórica de la provincia de Ciudad Real.*

242/ENRIQUE JIMÉNEZ VILLALTA, *La protección del patrimonio cultural de la provincia de Ciudad Real. Las comisiones provinciales de Monumentos y de Patrimonio.*230/MIGUEL LACRUZ ALCOCER, *Las Escuelas Normales de Maestros y Maestras de Ciudad Real, 1842-1936.*

243/ANTONIO MORENO GONZÁLEZ (ed.), *José Castillejo y Duarte (1877-1945). Pionero en la modernización de la Educación, la Ciencia y la Cultura españolas.*

244/JOSÉ ANDRÉS GALLARDO, *Instantes en el tiempo. Fotografías.*

245/ANTONIO SERRANO AGULLÓ (ed.), *La gran Saladina y fundación de la Orden de Calatrava.*

246/JULIO CHOCANO MORENO, *El folklore de los molinos. Antología literaria, musical, iconográfica y paremiológica en torno a los ingenios harineros.*

247/JULIO CÉSAR SÁNCHEZ, *Sánchez Puerto, tres líneas con arte.*

248/ISABEL NIETO-MÁRQUEZ FERNÁNDEZ-CAMUÑAS, *Bichitos: de La Mancha a los Montes de Toledo. Guía de insectos para aprendices de naturalistas.*

249/MANUEL T. LABIÁN VAZQUEZ, *La difusión del patrimonio de la provincia de Ciudad Real a través de los productos filatélicos.*